UN RECORRIDO PARA DESCUBRIR
LA NATURALEZA DE ESPAÑA
365 PROPUESTAS IMPRESCINDIBLES

JAVIER GÓMEZ AOIZ

ANAYA
TOURING

UN RECORRIDO PARA DESCUBRIR LA NATURALEZA DE ESPAÑA

365 PROPUESTAS IMPRESCINDIBLES

Texto y fotos: JAVIER GÓMEZ AOIZ

ANAYA

TOURING

UN RECORRIDO PARA DESCUBRIR
LA NATURALEZA DE ESPAÑA
365 PROPUESTAS IMPRESCINDIBLES

© Textos y fotos: **Javier Gómez Aoiz**

Coordinadora de proyecto: **Mercedes San Ildefonso Blázquez**
Corrección de textos: **Ana López Oliver**
Diseño de interiores, cubierta y maquetación: **Kike de la Peña**
Cartografía: **Anaya Touring**

1ª edición: **febrero de 2025**

© Grupo Anaya, S.A., 2025
   Calle Valentín Beato, 21
   28037 Madrid

Depósito legal: M-23752-2024
ISBN: 978-84-9158-873-3
Impreso en España - Printed in Spain

PAPEL DE FIBRA
CERTIFICADO

A Nacho y Julieta,
por todo, por tanto

ÍNDICE

UNA MIRADA A NUESTRA NATURALEZA, *11*

CÓMO USAR EL LIBRO, *12*

RECOMENDACIONES Y BUENAS PRÁCTICAS, *13*

UNA INFINIDAD DE PAISAJES Y ESPECIES ÚNICAS,
POR DESCUBRIR, *15-19*

ALGUNAS CURIOSIDADES Y DATOS DE INTERÉS, *20-21*

365 PROPUESTAS IMPRESCINDIBLES, *22-25*

    PRIMAVERA, *26-79*

    VERANO, *80-133*

    OTOÑO, *134-187*

    INVIERNO, *188-241*

PARA SABER MÁS, *243-244*

AGRADECIMIENTOS, *245*

MAPA DEPLEGABLE DE LA NATURALEZA DE ESPAÑA,
ADJUNTO EN LA SOLAPA TRASERA

UNA MIRADA A NUESTRA NATURALEZA

En pleno apogeo de la era digital, transcurrido ya el primer cuarto del siglo XXI, en una época en la que tanto nos cuesta separarnos de las pantallas y en la que vivimos cada vez más desconectados del entorno que nos rodea, quizás necesitemos más que nunca alzar la vista y detener la mirada en nuestra naturaleza.

«Hay paisajes que nos esperan», ha llegado a señalar en alguna ocasión, certeramente, Eduardo Martínez de Pisón. Y me atrevería a añadir que también nos aguarda una infinidad de especies de fauna y vegetación. Lugares y tesoros naturales, más cercanos de lo que imaginamos, esperando a ser *descubiertos*, como los que se reúnen en este libro, dispuestos sin pretenderlo a emocionarnos y concienciarnos, evitando que perdamos la curiosidad.

A través de un recorrido por nuestra geografía, a lo largo de las cuatro estaciones del año, este libro detalla 365 propuestas para descubrir la naturaleza de España. Una cifra, hay que ser sinceros, que no resulta ni mucho menos justa, dadas las dimensiones y el inabarcable repertorio paisajístico de nuestro país.

Viajando por las diferentes regiones de la Península, así como por los archipiélagos de Baleares y Canarias, cada capítulo plantea visitar un variado compendio de lugares de innegable interés, desde humedales rebosantes de vida a asombrosos desiertos, pasando por bosques mágicos, playas paradisíacas, insólitas cuevas, altas cumbres, extensas llanuras, dehesas infinitas y miradores excepcionales. Entre estos parajes, se va intercalando un amplio elenco de especies de fauna y de vegetación, sugiriendo ir a la búsqueda de algunas de las incontables maravillas de nuestra naturaleza.

Además de adentrarnos en los espacios protegidos más insignes, como es el caso de nuestros Parques Nacionales, planteamos recorrer otros lugares menos transitados, algunos de los cuales se hallan totalmente desprotegidos, de manera inexplicable. Y el mismo criterio hemos seguido a la hora de seleccionar las especies de fauna o flora que protagonizan cada capítulo, aunando algunas de las más conocidas y emblemáticas con muchas otras joyas, casi ignotas.

No podemos hablar de nuestra naturaleza, por desgracia, sin resaltar que todavía queda mucho por hacer. Y uno de los primeros pasos, qué duda cabe, es pararnos a conocer y a valorar nuestros espacios naturales y su biodiversidad. Solo así, coincidiréis, seremos capaces de implicarnos en su preservación, propiciando que las generaciones venideras hereden intacto este legado único.

Dediquemos, cada día, una mirada a nuestra naturaleza, reparando en la belleza de lo extraordinario y de lo cotidiano, con admiración y entusiasmo, anteponiendo siempre el respeto y el cuidado a nuestro entorno.

CÓMO USAR EL LIBRO

No, no hay que cogerse un año sabático, ni descuidar los estudios ni invertir doce meses de la jubilación: las **365 propuestas** recogidas en este libro no son para repartir y concentrar en un solo año, salvo que a alguien se le antoje semejante *aventura*; las sugerencias que se plantean en las siguientes páginas están ideadas y detalladas para disfrutar con calma, sin ninguna prisa, a lo largo de toda una vida.

Las 365 propuestas para descubrir nuestra naturaleza se reparten, de manera equitativa, entre las cuatro estaciones del año: **primavera**, **verano**, **otoño** e **invierno**. Se alternan, en cada estación, decenas de sugerencias para ir a buscar especies de fauna y de vegetación, para descubrir paisajes sorprendentes y para recorrer rincones de especial valor natural de nuestro país.

A lo largo de algunos de los textos se destacan, en negrita, otros lugares o especies que figuran a su vez entre las 365 propuestas, señalando entre corchetes su número, del [1] al [365]. Además, junto a cada título se ha incluido un **icono**, ilustrando los distintos tipos de sugerencias:

Propuestas de observación de fauna (de aves y mamíferos, sobre todo). Se recomienda el uso de prismáticos y telescopio.

Sugerencias dirigidas a disfrutar de las vistas panorámicas, así como a la observación y fotografía de diversas especies de fauna y flora.

Especies, de fauna o de vegetación, de pequeño porte, como ocurre con la mayoría de insectos y un amplio listado de especies de flora.

Propuestas para abrir bien los oídos, en las que el sonido de la naturaleza será protagonista (como sucede, por ejemplo, con algunos cantos de aves).

Búsqueda de especies de fauna de hábitos nocturnos o sugerencias vinculadas a la astronomía. Conviene extremar siempre las precauciones por la noche.

Rutas de senderismo, incluyendo desde sencillos itinerarios de corta duración, para toda la familia, hasta exigentes travesías de alta montaña.

Recorridos paisajísticos en coche, para emplear una o varias jornadas, realizando las paradas intermedias que se estimen oportunas.

Salidas y paseos en barco, para localizar y disfrutar de determinadas especies (cetáceos, aves marinas, etc.) o para visitar el interior de algunas cuevas.

Planes de playa, en entornos especialmente indicados para deleitarse con la biodiversidad costera y marina.

RECOMENDACIONES Y BUENAS PRÁCTICAS

A la hora de visitar cualquier espacio natural o de ir a buscar una determinada especie de fauna o de vegetación, no debemos olvidar que podemos alterar nuestro entorno, incluso sin pretenderlo. Conviene por ello subrayar las siguientes recomendaciones y buenas prácticas:

- En cualquier salida o ruta que realicemos, el cuidado y el respeto por la naturaleza deben ser lo primero.

- Evita causar cualquier tipo de molestia a la fauna. Utiliza, siempre que sea posible, observatorios, miradores y lugares ya preparados y señalizados, manteniendo una distancia adecuada, para no alterar el comportamiento de las especies que queramos observar.

- No arranques ni dañes nunca ninguna planta. Con cuidado, las podrás fotografiar u observar, tanto tú como quien venga después de ti.

- Conviene actuar discretamente, sin levantar la voz ni realizar ruidos estridentes. Si tratamos de integrarnos en el paisaje, sin alterarlo, disfrutaremos más de la naturaleza.

- Se recomienda reducir los desplazamientos en coche o vehículo propio, sobre todo en aquellas zonas más frágiles. Se debe circular siempre con precaución, ¡recuerda que los atropellos son una de las principales causas de mortalidad de la fauna!

- Evita compartir información sobre la presencia de determinadas especies sensibles en lugares concretos, sobre todo a través de las redes sociales, ya que puede provocar un efecto llamada, con repercusiones negativas en el entorno natural.

- Guarda siempre la basura que generas en una bolsa, dentro de tu mochila, y deposítala después en el primer contenedor que encuentres.

- Si vas con tu perro debes llevarlo controlado. Recuerda que eres responsable de los daños y accidentes que pueda causar.

- Respeta los vallados; si te encuentras alguna cancela o portilla ganadera en tu ruta, déjala cerrada, para evitar que se escape el ganado.

- Consulta, antes de cada salida, la previsión meteorológica. En verano evita las horas de temperaturas más elevadas y mayor insolación, sin olvidar la protección solar, un gorro y beber suficiente agua. En invierno y por la noche, lleva siempre ropa de abrigo.

- No olvides que está totalmente prohibido hacer fuego fuera de los lugares autorizados.

UNA INFINIDAD DE PAISAJES Y ESPECIES, POR DESCUBRIR

De un extremo a otro de nuestra geografía, se suceden incontables paisajes únicos, refugio de una asombrosa biodiversidad. Enclaves y lugares que, casi en su práctica totalidad, están por descubrir para la inmensa mayoría de personas que viven en nuestro país. ¡Dejemos de dar la espalda a nuestra sorprendente y frágil naturaleza!

NUESTROS ESPACIOS NATURALES PROTEGIDOS

España cuenta con una completa y creciente red de Parques Nacionales, repartidos por las diferentes regiones de la Península, así como por los archipiélagos de Baleares y Canarias. ¿Sabías que nuestro país fue pionero en la protección de la naturaleza? El 8 de diciembre de 1916 se aprobó la primera Ley de Parques Nacionales, con tres únicos artículos, logrando que España fuera una de las primeras naciones europeas en apostar por la protección de nuestro entorno.

Listado de Parques Nacionales de España:

- Aigüestortes i Estany de Sant Maurici
- Archipiélago de Cabrera
- Cabañeros
- Caldera de Taburiente
- Doñana
- Garajonay
- Islas Atlánticas
- Mar de las Calmas
- Monfragüe

- Ordesa y Monte Perdido
- Picos de Europa
- Sierra de Guadarrama
- Sierra de las Nieves
- Sierra Nevada
- Tablas de Daimiel
- Teide
- Timanfaya

Además de los Parques Nacionales, nuestro país cuenta con una extensa red conformada por otros muchos espacios protegidos, entre los que destacan los Parques Regionales, los Parques Naturales y los Parques Rurales. La tipología de espacios protegidos, no obstante, es mucho más variada, existiendo otras muchas figuras de protección como Área Marina Protegida, Corredor Ecológico y de Biodiversidad, Humedal Protegido, Lugar de Interés Científico, Microrreserva, Monumento Natural, Paisaje Protegido, Refugio de Fauna, Reserva Natural y Sitio de Interés Científico, por mencionar solo algunas.

Sobresale, a su vez, la importancia de los espacios protegidos de la Red Natura 2000, en la que se incluyen las Zonas Especiales de Conservación (ZEC) y las Zonas de Especial Protección para las Aves (ZEPA). En conjunto, abarcan casi el 30% del territorio español.

UNA ASOMBROSA BIODIVERSIDAD

España es uno de los países con una mayor riqueza de fauna y vegetación de todo el continente europeo. Los diferentes ecosistemas que se esparcen por nuestro territorio, desde las altas montañas a los áridos desiertos, pasando por los diferentes tipos de bosques, las zonas costeras, las estepas y pastizales, las lagunas, ríos y otros humedales, los entornos agrarios e, incluso, los pueblos y ciudades, albergan, en conjunto, una asombrosa biodiversidad.

El inventario de flora y vegetación presentes en nuestro país se eleva a unas 7.700 especies de plantas vasculares (sin contar a los briófitos, es decir, a los musgos y hepáticas), una cifra más que llamativa. Unos seis millares de especies de plantas diferentes se pueden contemplar en

la Península y Baleares, repartidas en 189 familias y unos 1.200 géneros distintos. En el archipiélago canario, por su parte, el registro de flora vascular recoge cerca de 2.500 especies.

Más sorprendente, si cabe, resulta el número de endemismos botánicos: alrededor de 1.500 especies de plantas vasculares únicamente se distribuyen, a escala global, por nuestro país.

Entre la fauna, destaca la presencia de algunos de nuestros más preciados y emblemáticos tesoros natrales, ya sean vertebrados (mamíferos, aves, reptiles, anfibios y peces) o invertebrados.

Por ejemplo, más de un centenar de mamíferos terrestres se distribuye por España, un grupo que incluye a los carnívoros, los quirópteros o murciélagos (que representan casi la tercera parte del listado total), los roedores y las musarañas, entre otros. Cerca de una docena de especies son exclusivas del ámbito ibérico, como el topillo de Cabrera, la liebre de piornal, la cabra montés, el desmán ibérico y el lince ibérico.

Por lo que respecta al listado ornitológico, en España se han registrado más de 600 especies de aves (sin contar las especies exóticas); casi la mitad de ellas nidifica en nuestro país, como es el caso de joyas aladas como el águila imperial ibérica, la avutarda, el urogallo, la pardela balear y el alzacola rojizo. Los anfibios, por su parte, se encuentran representados por una treintena de especies, entre las que se incluye un notable número de anfibios endémicos de nuestro territorio, como la salamandra rabilarga, el tritón ibérico o el ferreret. Mucho más amplio resulta el inventario de reptiles terrestres autóctonos de España, al superar las 70 especies, muchas de ellas exclusivas de la geografía ibérica o de los dos principales archipiélagos de nuestro país, Baleares y Canarias. El listado de peces continentales autóctonos, por su parte, asciende a 68 especies diferentes.

Una mención especial merecen los «mundos en miniatura», ignorados por la inmensa mayoría de las personas, en los cuales habita una infinidad de invertebrados, seres vivos realmente extraordinarios, de reducidas dimensiones. En España se han inventariado más de 33.000 especies de invertebrados terrestres (artrópodos y moluscos, fundamentalmente). Por su abundancia y diversidad los insectos acaparan casi todo el protagonismo: solo el orden de los coleópteros se estima que cuenta con unas 11.000 especies en nuestro país. Y es de resaltar asimismo el listado de lepidópteros (con unas 5.500 especies registradas).

Igual de fascinante resulta, por supuesto, la naturaleza ligada al medio marino y a nuestras costas. España es, sin duda, uno de los países europeos con mayor diversidad biológica marina. El listado de invertebrados presentes en estos ecosistemas rondaría las 10.000 especies, desde las fascinantes anémonas a las diferentes especies de medusas, pasando por diversos moluscos amenazados (como la lapa ferrugínea, endémica del mediterráneo), tortugas marinas, una amplísima variedad de peces y un magnífico elenco de cetáceos.

ALGUNAS CURIOSIDADES Y DATOS DE INTERÉS

MONTAÑAS Y RELIEVE

• Por detrás del Teide (3.715 m de altitud), la cumbre más elevada de España, situada en el centro de Tenerife, el Mulhacén (3.479 m, en Sierra Nevada) y el Aneto (3.404 m, en Pirineos), completan el pódium de montañas más altas de nuestro país.

• En Sierra Nevada se yerguen tres de las cinco cumbres más altas de la Península: además del Mulhacén, situado a poco más de 30 km de la costa granadina, destacan por encima del resto las cimas del Veleta (3.396 m) y La Alcazaba (3.366 m).

• Pirineos cuenta con un listado de más de 200 «tresmiles», es decir, cumbres cuya cima se alza por encima de los tres mil metros de altitud, encabezados por el Aneto, emplazado en el norte de la provincia de Huesca.

• Las cumbres más altas de los principales sistemas montañosos de la Península, son: Torre Cerredo (2.649 m), en la Cordillera Cantábrica; Almanzor (2.591 m), en el Sistema Central; La Sagra (2.383 m), en la Cordillera Subbética; y el Moncayo (2.315 m), en el Sistema Ibérico.

• De las 50 provincias que hay en España, solamente tres no tienen ninguna cima por encima de los mil metros de altitud (A Coruña, Huelva y Valladolid). Casi el 60 % de las provincias, en cambio, cuenta con una cumbre de al menos dos mil metros de altitud. Ávila es la provincia con una altitud media más elevada.

• El Risco de Tibataje, en El Hierro, es el enclave que supera los mil metros de altitud más próximo a la costa (a menos de 1,4 km). En la Península, la cumbre de más de mil metros más cercana al mar se sitúa en Asturias, en la sierra del Sueve (Pico el Sellón).

COSTA Y LITORAL

• Nuestro país cuenta con 7.905 km de costa, repartidos entre el territorio peninsular (4.865 km), los archipiélagos de Canarias (1.583 km) y Baleares (1.428 km), y las Ciudades Autónomas de Ceuta (20 km) y Melilla (9 km).

• Por detrás de las Islas Canarias, la región con una mayor longitud costera es Galicia (1.498 km, repartidos entre tres provincias) seguida de cerca por las Islas Baleares.

• La provincia de A Coruña, con 956 km de costa, tiene un litoral de mayor extensión que toda Andalucía (945 km) o Cataluña (699 km). Granada, por el contrario, es la provincia costera con una menor longitud de litoral (79 km).

• Los ecosistemas costeros de nuestro país, desgraciadamente, se encuentran seriamente amenazados: alrededor del 60 % del litoral español ha sido transformado debido al urbanismo y a la presencia de diversas infraestructuras (portuarias, industriales, etc.).

RÍOS, LAGUNAS Y OTROS HUMEDALES

• Se estima que la red hidrográfica de España, conformada por todos los ríos y arroyos, abarca unos 75.000 km.

• En nuestro país hay cerca de 2.500 humedales naturales, desde lagos de alta montaña a marismas costeras. El número de presas y embalses asciende a 3.100, de las cuales casi el 20% son de titularidad estatal.

• El Tajo es el río más largo, con una longitud superior a los mil kilómetros de largo (contando el tramo final, que discurre por Portugal, hasta desembocar en Lisboa). Le sigue el río Ebro (910 km) y el Duero (897 km, incluyendo su recorrido portugués).

• El Pico de los Tres Mares, como desvela su nombre, es la única cumbre de nuestra geografía en la que los ríos y arroyos que se forman en sus laderas vierten a tres mares u océanos diferentes (al Mediterráneo, al Cantábrico y al Atlántico)

• Repartidos por toda la cordillera pirenaica hay centenares de lagos de montaña. La mayor concentración se produce en el Parque Nacional de Aigüestortes i Estany de Sant Maurici, con más de 200 *estanys* inventariados. En el Pirineo aragonés se han contabilizado, asimismo, cerca de 200 ibones o lagos de montaña.

BIODIVERSIDAD: VEGETACIÓN Y FAUNA

• El listado de taxones de flora y vegetación presentes en nuestro país asciende a unas 7.700 especies de plantas vasculares (es decir, angiospermas, gimnospermas, pteridófitos y licófitos). La Península y Baleares albergan unos seis millares de especies diferentes, repartidas en 189 familias y unos 1.200 géneros distintos.

• Alrededor de 1.500 especies de plantas vasculares son endémicas o exclusivas de nuestro país. Representa la proporción más elevada de toda Europa.

• Las cifras de los diferentes grupos de vertebrados, presentes en España, son asombrosas: alrededor de 600 especies de aves se han registrado en nuestro país (sin contar las especies exóticas); casi la mitad de ellas (289) son nidificantes; más de un centenar de mamíferos terrestres se distribuye por el territorio español; los anfibios se encuentran representados por una treintena de especies y el inventario de reptiles terrestres autóctonos de España supera las 70 especies (en ambos casos, con una destacada cantidad de endemismos); el listado de peces continentales autóctonos, por su parte, asciende a un total de 68 especies.

• Se han inventariado, hasta la fecha, más de 33.000 especies de invertebrados terrestres (artrópodos y moluscos, fundamentalmente); destacan entre ellos, por su abundancia y diversidad, los insectos. ¡Solo el orden de los coleópteros (escarabajos), por ejemplo, se estima que cuenta con unas 11.000 especies en nuestro país!

PRIMAVERA

1. La Serena
2. Puerto de Peña Negra
3. Os Ancares
4. Lagarto verdinegro
5. Aguilucho cenizo
6. Cernícalo primilla
7. Orquídea mariposa
8. Dedalera
9. Sierra de Codés
10. *Libelloides baeticus*
11. Mariposa arlequín
12. Escarabajo pipa
13. Dehesas del sur de Badajoz
14. Sierra Espuña
15. Alt Pirineu
16. Nenúfar blanco
17. Ranita de San Antonio
18. Yesares del valle del Tajo
19. Grillo cascabel de plata
20. Cerro de Olarizu
21. Peonía
22. Campo de Montiel
23. Cabo Cope
24. Piorno
25. Brezales de montaña
26. Ruiseñor pechiazul
27. Alondra ricotí
28. Avutarda euroasiática
29. Tulipán silvestre
30. Curruca tomillera
31. Sapo corredor
32. Cerro Masatrigo

33. Parameras del Señorío de Molina
34. Doñana
35. Ojaranzo
36. *Dactylorhiza sambucina*
37. Carraspique blanco
38. Malvasía cabeciblanca
39. Ondas blancas
40. Ranúnculo acuático
41. Tortuga mora
42. Laguna de Valdemanco
43. Montes Aquilianos
44. Orquídea becada
45. Limodoro violeta
46. Peñas de San Gregorio
47. Puerto de Leitariegos
48. Gran pavón
49. Sisón común
50. *Triops cancriformis*
51. *Zygaena trifolii*
52. Monasterio de Hermo
53. Alcaudón dorsirrojo
54. *Narcissus moschatus*
55. Valle de Ordesa
56. Lagarto ocelado
57. Son Real
58. Jara pringosa
59. *Carduncellus matritensis*
60. Mariposa isabelina
61. Salamanquesa rosada
62. Meandros del río Lozoya
63. Pinar de Hoyocasero
64. Volcanes de Teneguía

65. Zapatito de dama
66. Sierra del Sueve
67. Valle del Tiétar
68. Los Monegros
69. Curruca carrasqueña occidental
70. Embalse del Pontón Alto
71. *Androsace vitaliana*
72. Buscarla pintoja
73. Anillo Verde de Vitoria- Gasteiz
74. *Ophrys aveyronensis*
75. Pulsatila o flor del viento
76. *Corallorhiza trifida*
77. Lirio de los valles
78. Las Merindades
79. Meandros del arroyo de Almorchón
80. Cañón del río Leza
81. Salsifí
82. Geranio de El Paular
83. Amapola morada
84. Orquídea mosca
85. Terrera marismeña
86. Murciélago grande de herradura
87. Vencejo real
88. Zampullín cuellinegro
89. Pítano
90. Meleagria
91. Cascada de Gujuli
92. Foz de Arbayún

VERANO

93. Azucena de los Pirineos
94. Carraca europea
95. Abejaruco europeo
96. *Drosophyllum lusitanicum*
97. *Rhaponticum exaltatum*
98. Castillo de Riba de Santiuste
99. Ibones de Batisielles
100. Complejo lagunar de Alcázar de San Juan
101. Escarabajo avispa
102. Escarabajo dorado
103. Ciervo volante
104. *Platanthera chlorantha*
105. Duende o nemóptera
106. Salamandra rabilarga
107. Ensenada de Merexo
108. Paíño pechialbo
109. Cangrejo moro
110. Anémona de mar
111. Faja de la Pardina
112. Puigpedrós
113. Edelweiss
114. Borderea pirenaica
115. Azucena silvestre
116. Orquídea fantasma
117. Rosalia alpina
118. Los Alcornocales
119. Oso pardo
120. Mariposa del madroño
121. Apolo
122. Lagartija de Valverde

123. Mosca escorpión
124. Candil de pinzas
125. *Saga pedo*
126. Boca de dragón de Gredos
127. Corona de rey
128. Amapola de Sierra Nevada
129. Mirador de Viguera
130. Salinas de Santa Pola
131. Atrapamoscas
132. Azulillo de Graells
133. Barbo común
134. Alcachofera o morra
135. Orquídea nido de ave
136. Amapola marina
137. Aigüestortes i Estany de Sant Maurici
138. Dunas y acantilados de Azkorri
139. El Portalet
140. Marmota alpina
141. Chotacabras cuellirrojo
142. Erizo moruno
143. Cap de Ses Salines
144. Riscos de Famara
145. Lirio azul
146. Lagópodo alpino
147. Lengua de ciervo
148. Lagartija aranesa
149. Lagartija batueca
150. Alange
151. Vencejo cafre

152. Empusa
153. Alzacola rojizo
154. Saladares de La Mancha
155. *Cephalota dulcinea*
156. Somiedo
157. Embalse de Urkulu
158. Buitre moteado
159. Petrel de Bulwer
160. Estrella de las nieves
161. Coralillo
162. Araña cangrejo
163. Sierra Nevada
164. Helecho real
165. Cabriña o cochinita
166. Azucena de mar
167. Fragas do Eume
168. Islas Cíes
169. Sierras de Cazorla, Segura y Las Villas
170. Serra da Enciña da Lastra
171. Escarabajo batanero
172. *Ocnerodes brunnerii*
173. Escorpión
174. Esfinge de la lechetrezna
175. *Palpares libelluloides*
176. Valle de Gistaín
177. Oreja de oso
178. Costa Quebrada
179. Gaviota de Sabine
180. Hormiguera oscura
181. Ribeiras do Sor
182. Tritón ibérico
183. Naranjo de Bulnes

O T O Ñ O

184. Migración otoñal de las aves marinas
185. Estaca de Bares
186. Complejo dunar de Corrubedo
187. Pozo de las Lomas
188. Perdiz pardilla
189. Caracol de Quimper
190. Arce de Montpellier
191. Tritón pirenaico
192. Quitameriendas
193. Cebolla albarrana
194. Escila de otoño
195. Isla del Fraile
196. Camaleón común
197. Ibón de Estanés
198. Alto Nervión
199. Coves de Sant Josep
200. Halcón de Eleonora
201. Sa Dragonera
202. Tortuga boba
203. Cap de Creus
204. Ciervo
205. Bigotudo
206. La Graciosa
207. Charco de los Clicos
208. Serra de Tramuntana
209. Cala de los Cocedores
210. Azafrán montesino
211. Campanillas de otoño
212. Cardo de puerto
213. Picogordo
214. Quebrantahuesos

215. Delta del Ebro
216. La Albufera
217. Las Villuercas
218. El Estrecho
219. Peña de Francia
220. Nutria
221. Montes de Ucieda
222. Cabra montés
223. Bosques mixtos de los Pirineos
224. Bonetero
225. Acebo
226. Serbal de cazadores
227. Lagarto tizón
228. Delfín común
229. *Cryptogramma crispa*
230. Cornicabral de Robledo de Chavela
231. Píjara
232. Val d'Arán
233. Embalse de los Morales
234. Sierra de la Culebra
235. Hoces del Duratón
236. Gaviota de Audouin
237. Lagartija balear
238. Migración postnupcial en el Estrecho
239. Cabo Ortegal
240. Sapos parteros
241. Embalse de la Rambla de Algeciras
242. Península de Formentor
243. Lagartija carpetana

244. Salamandra común
245. Pulmonaria
246. *Spiranthes spiralis*
247. Rabilargo ibérico
248. Grulla común
249. Pito real ibérico
250. Teide
251. Pinzón azul de Tenerife
252. Alto Estena
253. Alto Turia
254. Embalse de Alcollarín
255. Pico de los Tres Mares
256. Madroño
257. Torcal de Antequera
258. S'Albufera
259. Castillo de Peracense
260. Riberas de Castronuño
261. Alto Tajo
262. Río Júcar
263. Liebre ibérica
264. Comunidades liquénicas de los yesos
265. Estepas de Belchite
266. Laurisilva o monteverde
267. Pardela cenicienta atlántica
268. Roques de Anaga
269. Sierra de Cebollera
270. Laguna de Uña
271. Sierra de la Demanda
272. Liquen geográfico
273. Matamoscas o falsa oronja
274. Las Médulas

INVIERNO

275. Lince ibérico

276. Sierra de San Pablo

277. Sierra Grande de Hornachos

278. Cardoncillo gris

279. Sisallo

280. Los Tilos

281. Fuente Dé

282. Somormujo cuellirrojo

283. Marismas de Santoña

284. Narciso trompón

285. Hepática

286. Sierra de San Vicente

287. Monfragüe

288. Búho real

289. Valle de Alcudia

290. Cogujada montesina

291. Comadreja

292. Collalba negra

293. Cabo de Gata

294. Tablas de Daimiel

295. Sierra de Aitana

296. Tossa Plana de Lles

297. Avutarda hubara africana

298. Pinzón vulgar de Canarias

299. Garajonay

300. Llanos de Tindaya

301. Sierra de Andújar

302. Cabañeros

303. Águila imperial ibérica

304. *Narcissus cantabricus*

305. Floración de los almendros

306. Olivares de la Subbética

307. Barrancas de Burujón

308. Azafrán serrano

309. Mochuelo europeo

310. Buitre negro

311. Saladares del Guadalentín

312. Edificio volcánico de Cancarix

313. San Pedro del Pinatar

314. Flamenco común

315. Timanfaya

316. Pinares de pino canario

317. Caldera de Taburiente

318. Calderón tropical

319. Colimbo chico

320. Escribano nival

321. Mirlo acuático europeo

322. Laguna Negra

323. Monasterio de Piedra

324. Nacimiento del río Mundo

325. Mirador de Piedrasluengas

326. Comarca de La Sagra

327. Barranco del río Dulce

328. Laguna de las Esteras

329. Encina centenaria de la Pica

330. Hayedo de Otzarreta

331. Macizo de Larra

332. Nacedero del Urederra

333. Sierra de las Nieves

334. Ganga ibérica

335. Búho campestre

336. Acentor alpino

337. Campo de Calatrava

338. Villafáfila

339. Cardonal-tabaibal

340. *Selaginella denticulata*

341. Acebedas

342. *Stegnogramma pozoi*

343. Macizo de Teno

344. Orquídea de tres dedos

345. Litoral oriental de Asturias

346. Selva de Irati

347. Elanio común

348. Pinsapo

349. Herrerillo capuchino

350. Pino negro

351. Cueva de los Murciélagos

352. El Hondo

353. Rambla de Barrachina

354. Laguna de Gallocanta

355. Delta del Llobregat

356. Orquídea gigante

357. Escribano triguero

358. Aulaga

359. Palmito

360. Cornical

361. Bicácaro

362. Sapillo moteado septentrional

363. Playa del Risco

364. Sabinar de Calatañazor

365. Cabo Touriñán

PRIMAVERA

1. ALLÍ DONDE COMIENZA LA PRIMAVERA

La Serena (Badajoz)

Aunque posiblemente resulte desconocida para mucha gente, la amplia comarca de La Serena constituye una de las joyas naturales de nuestra geografía. Es en esta alomada penillanura pacense, situada en el noreste de la provincia, donde se esparcen los pastizales naturales más extensos de toda Europa occidental, ocupando una vasta superficie de más de cien mil hectáreas, en donde pastan numerosos rebaños de ovejas desde tiempos inmemoriales.

A partir de mediados de febrero y durante el mes de marzo, sobre todo si el invierno no ha sido parco en precipitaciones, la vida bulle por doquier en estos llanos desarbolados de horizontes infinitos. En estas fechas, centenares de calandrias, cogujadas y **escribanos trigueros** [357], las primeras ruedas de las **avutardas** [28], las persecuciones de los **sisones** [49], el regreso de los **abejarucos** [95] y **aguiluchos cenizos** [5] y las más tempranas flores de las **dedaleras** [8] anuncian, casi al unísono, y quizás antes que en ningún otro lugar de la Península, la esperada llegada de la primavera.

Se recomienda recorrer esta valiosa zona esteparia, dedicándole al menos una jornada completa, en vehículo propio. Desde las carreteras que unen Castuera, la presa de La Serena y Cabeza del Buey parten diversas pistas (como la Cañada del Puerto del Mejoral o el camino de Campanario a Cabeza del Buey) que atraviesan algunos de los parajes mejor conservados de esta ZEPA (Zona de Especial Protección para las Aves), la de mayor superficie de Extremadura. Además de brindarnos un festín ornitológico sin parangón, estas llanuras nos obsequiarán con la intensa floración de las viboreras en los pastos y posíos, salpicados aquí y allá de afilados afloramientos de pizarras, denominados popularmente como «dientes de perro».

2. LA MEJOR PANORÁMICA DE GREDOS
Puerto de Peña Negra (Ávila)

Si hubiese que elegir un único enclave desde el cual se pudiera obtener la mejor panorámica del conjunto de la sierra de Gredos, el puerto de Peña Negra sería sin duda uno de los candidatos a alzarse con el galardón al mirador más sobresaliente. Y no solo por sus inmejorables vistas, sino también por la biodiversidad que atesoran los piornales y trampales de este paraje de la sierra de Piedrahíta, en el que conviven **ruiseñores pechiazules** [26], roqueros rojos, **currucas tomilleras** [30], zarceras y rabilargas, acentores comunes, tarabillas europeas y collalbas grises, y en el que se dan citas flores tan atractivas como las **meleagrias** [90] y varios narcisos.

3. LAS MONTAÑAS EN LAS QUE SE DETUVO EL TIEMPO
Os Ancares (Lugo/León)

Internarse y «perderse» por Os Ancares supone viajar en el tiempo a épocas pasadas. En estas montañas mágicas, situadas a caballo entre el oriente de Lugo y el noroeste de León, aguardan al viajero bosques inalterados, angostos valles, extensos brezales y circos glaciares en las cumbres, además de un valioso patrimonio cultural y etnográfico, en el que destacan las pallozas (antiguas viviendas tradicionales, convertidas hoy en el icono de estos montes). Estas sierras atlánticas albergan, además, verdaderos tesoros naturales, como el **oso pardo** [119], la **salamandra rabilarga** [106], la víbora de Seoane o el singular **caracol de Quimper** [189].

4. UN LACÉRTIDO EXCLUSIVO DE LA PENÍNSULA, DE INSUPERABLE ATRACTIVO

Lagarto verdinegro *(Lacerta schreiberi)*

España es, con diferencia, el país europeo con una mayor riqueza y variedad de reptiles, pudiendo presumir de un amplio listado de más de 70 especies terrestres autóctonas, entre las que destacan por su diversidad los lacértidos (las lagartijas y los lagartos), con varias especies exclusivas de la geografía ibérica y de los archipiélagos balear y canario.

De insuperable belleza durante la época primaveral, gracias al colorido atuendo que exhibe en el periodo de celo, el lagarto verdinegro representa uno de los endemismos herpetológicos peninsulares más sobresalientes. Resulta frecuente en diversas regiones del norte, como Galicia, Asturias y Cantabria, así como en buena parte de León y Zamora. Se extiende, igualmente, por casi todo el Sistema Central, alcanzando densidades importantes en determinados parajes de Gredos y de la sierra de Guadarrama. Y subsisten todavía algunas poblaciones, aisladas y en riesgo de desaparición, en los **Montes de Toledo** [276] y en **Las Villuercas** [217].

La primavera es la estación más apropiada para intentar toparse con este vistoso lacértido, que en ocasiones muestra un comportamiento sorprendentemente confiado. Vive casi siempre en parajes con cierta humedad, en las inmediaciones de ríos y arroyos, sobre todo en el interior de robledales y otro tipo de bosques, así como en zonas de montaña y hábitats costeros, en brezales y piornales. Algunos enclaves para ir en su búsqueda son: La Plataforma de Gredos; el Hayedo de Montejo; los alrededores del lago de Sanabria; la Reserva Natural Parcial de Barayo y la comarca de Oscos-Eo, en el occidente de Asturias; o las inmediaciones de algunas de las principales ciudades gallegas, como Lugo, A Coruña o Santiago de Compostela.

5. UNA RAPAZ MUY ASOCIADA A LOS CULTIVOS

Aguilucho cenizo *(Circus pygargus)*

Corren malos tiempos para las aves esteparias y las especies ligadas a los medios agrarios, como es el caso de la **avutarda** [28], del **sisón** [49], de la **alondra ricotí** [27] o del aguilucho cenizo. Esta elegante rapaz migradora, invernante al sur del Sáhara, ha sufrido un importante declive durante los últimos años, debido a la intensificación agraria, al adelanto de las cosechas y al abuso de pesticidas en los cultivos. Hay zonas, por fortuna, en las que todavía es posible disfrutar de sus acrobáticos vuelos, como ocurre en buena parte de Castilla y León (sobre todo en Palencia, Valladolid y Zamora), en Badajoz (**La Serena** [1] es un sitio idóneo), en la comarca de **La Sagra** [326] o en La Campiña sevillana.

6. EL PEQUEÑO HALCÓN DE NUESTROS PUEBLOS

Cernícalo primilla *(Falco naumanni)*

Vinculado desde tiempos inmemoriales a las edificaciones históricas de nuestros pueblos y ciudades, así como a las construcciones de campo, el cernícalo primilla se considera una de las pocas rapaces «urbanas», nidificando siempre en los huecos de viejos edificios. Allí donde está presente, especialmente en el suroeste de la Península, este pequeño halcón no suele pasar desapercibido en los pueblos en los que cría, dados sus hábitos coloniales, pudiendo anidar varias decenas de parejas en la misma edificación. A pesar de haber disminuido drásticamente en muchas regiones, nuestro país alberga todavía el 40 % de la población europea, concentrada en Castilla-La Mancha, Andalucía, Castilla y León y Extremadura.

7. UNA DE NUESTRAS ORQUÍDEAS MÁS LLAMATIVAS

Orquídea mariposa *(Anacamptis papilionacea)*

Si bien no hay consenso entre los diferentes investigadores, el listado de orquídeas presentes en España podría superar las 130 especies. Entre ellas, la orquídea mariposa es una de las más fáciles de distinguir y de localizar en el campo, gracias a su notable porte (alcanzando los 40 cm de altura) y a su intensa coloración rosa. Distribuida en torno al Mediterráneo, en nuestro país resulta más frecuente en la mitad sur, en donde prospera en terrenos aclarados y soleados, como retamares, tomillares o jarales. Curiosamente, la polinización en esta especie se produce porque diversas abejas (del género *Eucera*, sobre todo) acuden al interior de sus flores a pasar la noche, saliendo a la mañana siguiente con el polen adherido.

8. LA BOTÁNICA Y LA MEDICINA, UNIDAS

Dedalera *(Digitalis thapsi)*

Son siete las especies de dedaleras presentes en nuestra geografía: seis en la Península y una en Baleares. Su nombre deriva de la curiosa forma de dedal que tienen las flores, las cuales aparecen en densos racimos, al final del tallo. *Digitalis thapsi,* exclusiva del ámbito ibérico, se ha empleado por sus apreciadas propiedades cardiotónicas en la obtención de diversos fármacos y medicamentos. Se distribuye por las montañas y llanuras del centro y el oeste peninsular, en zonas rocosas, sobre granitos, cuarcitas y esquistos. Entre abril y junio es fácil de ver en diversos enclaves, como **Monfragüe** [287], **Montes de Toledo** [276], **La Serena** [1], en torno a Gredos o en la sierra de Guadarrama.

9. EXPLORANDO EL APENAS VISITADO RINCÓN SUROCCIDENTAL DE NAVARRA

Sierra de Codés (Navarra/Araba)

En el extremo suroccidental de Navarra, delimitando la Comunidad Foral con la vecina provincia alavesa, se alza la apenas transitada sierra de Codés, un escarpado cordal calcáreo, de gran interés biogeográfico y notable relevancia paisajística. Esta modesta elevación montañosa marca la divisoria entre el fértil valle del río Ega, al norte, y la amplia depresión del Ebro, al sur.

Abril y la primera mitad de mayo comprenden el periodo idóneo para explorar y visitar esta sierra y sus alrededores, disfrutando del mosaico multicolor que se extiende por los valles de la Berrueza, Aguilar, Lana y Campezo. En estas fechas contrastan los llamativos campos de colza, de intensa coloración amarilla, con las diferentes tonalidades de verdes de los cultivos cerealistas y los carrascales y robledales más cercanos, como se puede apreciar por ejemplo desde lo alto de las **peñas de San Gregorio** [46], uno de los miradores privilegiados de la comarca.

Son varias las rutas que posibilitan recorrer estos escarpes calizos, destacando el tramo del GR-1 o «Sendero Histórico», entre el Santuario de Nuestra Señora de Codés, en la vertiente meridional, y la localidad de Santa Cruz de Campezo, en la vertiente septentrional. Esta ruta (de 11 km, solo ida) permite admirar la singular variedad botánica de la sierra de Codés, en la que se dan cita muy diversas formaciones arbóreas, como los bosques de roble pubescente y roble melojo o marojo, los hayedos (en las cotas más altas), los carrascales o encinares, los madroñales (acantonados en barrancos y congostos) y las alisedas, además de algunos castañares y arboledas mixtas, con tilos, arces y tejos. En días despejados, desde las cumbres más altas, por encima de los más de 1.400 metros de altitud, es posible deleitarse con unas magníficas vistas.

PRIMAVERA

10. NI LIBÉLULAS NI MARIPOSAS
Libelloides baeticus

A pesar de lo que podría sugerir su aspecto o su nombre científico, casi nada tienen que ver los *Libelloides* con las libélulas ni con las mariposas. Estos llamativos insectos, incansables voladores, son neurópteros, al igual que la grácil **nemóptera** [105] o el «colosal» ***Palpares libelluloides*** [175]. Las seis especies presentes en nuestro país se pueden ver en praderas y herbazales húmedos, desde abril hasta julio.

11. ATAVIADA CON LOS COLORES DE LA COMEDIA DEL ARTE
Mariposa arlequín *(Zerynthia rumina)*

De las casi 260 especies de mariposas diurnas que es posible observar en España, la arlequín es una de las más singulares. Con una inconfundible coloración, que recuerda a las vestimentas del célebre personaje de la comedia del arte, esta mariposa no será difícil de localizar en diferentes tipos de bosques, como melojares, quejigares o encinares, a lo largo de la primavera, en casi toda la península ibérica.

12. UN GÉNERO DE ESCARABAJOS MUY LIGADO A LA PENÍNSULA
Escarabajo pipa *(Iberodorcadion hispanicus)*

Repartidos por casi todos los sistemas montañosos de la Península, los escarabajos del género *Iberodorcadion* son unos de los insectos más emblemáticos y estudiados de nuestra entomofauna. Con alrededor de medio centenar de especies (la mayoría endémicas de la geografía ibérica), prestando la debida atención no será complicado dar con algún escarabajo pipa en nuestras excursiones serranas primaverales recorriendo cumbres y collados.

13. DEHESAS DE MIL Y UN COLORES
Dehesas del sur de Badajoz

Hablar de Extremadura es hablar, qué duda cabe, de dehesas. Con una extensión superior a 1,3 millones de hectáreas, las dehesas extremeñas representan más de un tercio de la superficie adehesada en España. La mayor parte del monte arbolado en la región, en torno al 70 %, concretamente, corresponde a estas características formaciones abiertas, de vetustas encinas y retorcidos alcornoques.

A lo largo de la franja meridional de la provincia de Badajoz, desde la comarca de Olivenza a la Campiña Sur, pasando por la Sierra Suroeste y Tentudía, un casi infinito mar de dehesas se esparce hasta donde alcanza la vista, entre pueblos blancos y antiguas fortalezas de la época almohade. Con la llegada de la primavera, especialmente si los últimos compases del invierno han obsequiado al suroeste peninsular con abundantes lluvias, un incomparable despliegue cromático engalana los pastizales de las dehesas, ataviadas de mil y un colores.

Qué menos que un fin de semana completo para «perderse» por estas planicies y serranías pacenses, sin prisas, con la única intención de disfrutar del arranque de la estación primaveral con los cinco sentidos. Se plantean dos rutas diferentes, ambas en coche, repletas de alicientes paisajísticos (además de culturales y gastronómicos), realizando de camino todas las paradas intermedias que se deseen: (1) Olivenza-Cheles-Villanueva del Fresno-Oliva de la Frontera-Jerez de los Caballeros-Fregenal de la Sierra-Bodonal de la Sierra-Valencia del Ventoso-Zafra; (2) Monesterio-Pallares-Santa María de Nava-Puebla del Maestre-Llerena-Valencia de las Torres-Llera, pudiendo ampliar este último recorrido, si se dispone de tiempo, hasta la **Sierra Grande de Hornachos** [277]. Además de numerosas rapaces, en algunos parajes abundan diversas especies de orquídeas, como la espectacular **orquídea mariposa** [7].

14. LA MONTAÑA MEDITERRÁNEA DEL CORAZÓN DE MURCIA
Sierra Espuña (Murcia)

Sierra Espuña es, indudablemente, uno de los relieves más conocidos y de mayor valor de la Región de Murcia, siendo además uno de los primeros espacios protegidos en declararse en esta comunidad autónoma. En sus abruptas laderas predominan densos pinares de pino carrasco y laricio, además de rodales de coscojas, encinas, quejigos y **arces de Montpellier** [190]. Varios miradores (como los de Collado Bermejo, Collado Mangueta y Collado Pilón) ofrecen unas magníficas vistas. Colindando con Sierra Espuña, bien merecen también una visita los Barrancos de Gebas, catalogados como Paisaje Protegido, junto al **embalse de la Rambla de Algeciras** [241].

15. EL ESPACIO PROTEGIDO MÁS EXTENSO DE CATALUÑA
Alt Pirineu (Lleida)

Con una superficie de más de 80.000 ha, el Parque Natural de l'Alt Pirineu es el espacio natural protegido de mayor extensión de toda Cataluña. Además de varios tresmiles, como la emblemática Pica d'Estats (3.143 m), bosques centenarios y una infinidad de lagos de montaña de origen glaciar, como el Estany de Certascan, este rincón de Pirineos ofrece la posibilidad de disfrutar de incontables especies de fauna y flora, como el **quebrantahuesos** [214], el urogallo, el mochuelo boreal, el **tritón pirenaico** [191], el **ciervo volante** [103] o el **edelweiss** [113]. Cuenta con una completa red de senderos señalizados, para cualquier tipo de excursionistas.

16. LAS FLORES QUE EMERGEN DE LOS RÍOS Y LAGUNAS

Nenúfar blanco *(Nymphaea alba)*

Estas peculiares plantas de hojas flotantes y vistosas flores prosperan en nuestro territorio de manera muy localizada y dispersa. Se pueden contemplar en diferentes ecosistemas fluviales o lacustres, ya sea en algunos remansos del río Guadiana, a su paso por Ciudad Real, o en marjales, lagunas o *ullals* del litoral mediterráneo y gallego, por ejemplo en torno a la **Albufera de Valencia** [216] y el **Delta del Ebro** [215].

17. UN MARAVILLOSO Y «ENSORDECEDOR» CORO

Ranita de San Antonio *(Hyla molleri)*

Distribuida por buena parte del centro y el oeste peninsular, así como por el sur de Francia, este delicado anfibio está muy ligado a praderas húmedas y otros medios, desde el nivel del mar a zonas de alta montaña. Al comienzo de la época de reproducción los machos acuden a determinadas charcas, dando lugar a un maravilloso y «ensordecedor» coro, con continuas llamadas que emiten hinchando su saco vocal.

18. UNOS ECOSISTEMAS ÚNICOS, MUY POCO VALORADOS

Yesares del valle del Tajo (Toledo/Madrid)

En su tramo medio, el río Tajo, junto con alguno de sus principales afluentes, se ven acompañados por un reguero de escarpes y cerros yesíferos, de incalculable valor ambiental. Por desgracia, estos ecosistemas únicos, incluidos en la Red Natura 2000, apenas son valorados por la inmensa mayoría de la población. Estos paisajes de aspecto casi desértico dan cobijo a especies como el **pítano** [89] y a una infinidad de **líquenes** [264].

PRIMAVERA

19. UN SINGULAR TINTINEO EN EL SALADAR

Grillo cascabel de plata *(Gryllodes kerkennensis)*

Redescubierto en nuestro país en el año 2007, tras varias décadas «ausente», este curioso grillo es uno de nuestros insectos más fascinantes. Su hallazgo se remonta a mucho antes, a 1893, año en el que fue localizado, curiosamente casi a la vez, en España (en Pozuelo de Calatrava, concretamente, por el entomólogo José María de la Fuente y Morales, conocido como el «Cura de los Bichos») y en Argelia y Túnez. Su nombre vulgar alude al sonido que emiten los machos, parecido al tintineo de una campanilla o cascabel, que es posible escuchar en determinados **saladares manchegos** [154], como por ejemplo en la laguna de Peñahueca.

20. EL PARAÍSO ALAVÉS DE LAS ORQUÍDEAS

Cerro de Olarizu, Mendiola (Vitoria-Gasteiz)

Alrededor de una treintena de especies de orquídeas, ahí es nada, se dan cita en las laderas del cerro de Olarizu, al suroeste de la capital alavesa. ¿Alguien da más, en tan reducida superficie de terreno? En este privilegiado enclave, al que se puede llegar andando desde el **Anillo Verde de Vitoria-Gasteiz** [73], es posible disfrutar de un amplio abanico de orquídeas, algunas más frecuentes y otras muy escasas, de diferentes géneros, entre los que destacan por su diversidad e interés las orquídeas abejeras (género *Ophrys*). Desde la cima, a más de 700 m de altitud, se obtiene una panorámica sobresaliente, con la ciudad en primer plano y el Gorbeia de fondo.

21. NOMBRES POPULARES MÁS QUE INQUIETANTES

Peonía (Paeonia broteri)

Repasando la nomenclatura botánica, pocos nombres hay tan inquietantes como el de «rosa del diablo» o «rosa maldita», denominaciones que reciben en algunas zonas las peonías, debido a la toxicidad de estas vistosas plantas. Entre las cinco especies del género presentes en nuestro país, *Paeonia broteri*, endémica del centro y el oeste de la Península, es la más extendida, llegando a ser frecuente en el sotobosque de algunos robledales, encinares o alcornocales.

22. UN MOSAICO DE VALIOSAS DEHESAS Y CULTIVOS

Campo de Montiel (Ciudad Real)

A medio camino entre la casi infinita llanura manchega y las estribaciones de Sierra Morena Oriental, se extiende el Campo de Montiel, un alomado territorio salpicado de dehesas, cultivos cerealistas, olivares, encinares y pequeños cerros. Un recorrido por esta comarca histórica, que hoy alberga una excepcional naturaleza, puede deparar la observación de **linces** [275], **águilas imperiales ibéricas** [303], **sisones** [49] y **avutardas** [28].

23. PLAYAS Y SIERRAS BAÑADAS POR EL MEDITERRÁNEO

Cabo Cope (Murcia)

Cerca del extremo meridional del litoral murciano se yergue el cabo Cope, un llamativo promontorio calizo, de casi 250 m de altura sobre el nivel del mar, en el que se inicia el Parque Regional de Calnegre y Cabo Cope, abarcando ecosistemas tan diversos como acantilados, dunas fósiles, playas y sierras, a orillas del Mediterráneo. Llegada la primavera, aquí es posible localizar, con suerte, especies como la **tortuga mora** [41] o el **alzacola** [153].

24. LA EMBRIAGADORA FLORACIÓN DEL PIORNO

Piorno *(Cytisus oromediterraneus)*

No es exagerado afirmar que la intensa y embriagadora floración del piorno serrano constituye uno de los espectáculos naturales más cautivadores. A lo largo de la segunda mitad de la primavera, tanto en el Sistema Central (desde Béjar a la sierra de Ayllón), como en la sierra de la Demanda o en el norte de Castilla y León, las laderas serranas, por encima del límite del bosque, se ven tapizadas de un intenso color amarillo anaranjado. Una mención especial merece el *Festival del Piorno en Flor,* un evento más que consolidado, en el sur de Ávila, en torno a Gredos, con un completo programa de actividades entre mediados de mayo y finales de junio.

25. CUMBRES Y LADERAS TEÑIDAS DE ROSA

Brezales de montaña *(Erica australis)*

Entre los meses de abril y mayo, aún con la nieve cubriendo las montañas más altas, una llamativa gama de rosas se extiende por una infinidad de cumbres y laderas. La floración de los brezos acapara casi todo el protagonismo en diversas sierras de nuestra geografía, como ocurre en **Os Ancares** [3], en los **Montes Aquilianos** [43], en los Picos de Urbión, en **Somiedo** [156], en **Las Villuercas** [217] o en la sierra de Aracena. A diferencia de los **piornales** [24], en el Sistema Central los brezales aparecen casi exclusivamente en la sierra de Ayllón (en la imagen); es muy recomendable en esta zona, a finales de mayo, la ruta entre el puerto de la Quesera y la cumbre de la Buitrera.

26. UN DESTACADO INTÉRPRETE DE LOS CONCIERTOS DE LOS PIORNALES

Ruiseñor pechiazul *(Luscinia svecica)*

Con el arranque de la primavera, antes de que los primeros rayos del día asomen por el horizonte, un maravilloso coro envuelve los **piornales** [24] de las montañas del cuadrante noroeste de la Península. Por unos instantes, a lo largo de los amaneceres de abril y mayo, el aire se inunda de cantos y trinos de un variado elenco de paseriformes, entre los que sobresale, por su elaborado repertorio vocal y por su colorido, el ruiseñor pechiazul.

Durante la época reproductora esta atractiva especie nidifica en contadas zonas, repartidas básicamente por tres macizos montañosos: el Sistema Central, la cordillera Cantábrica y los Montes de León; curiosamente, a diferencia de la distribución que muestran otras aves propias de zonas montañosas, como el **acentor alpino** [336], está ausente en Pirineos y en **Sierra Nevada** [163]. La Península cuenta con una subespecie propia, *azuricollis*, diferenciándose del resto de poblaciones euroasiáticas por diversos rasgos del plumaje. En invierno, en algunos humedales del territorio ibérico recalan pechiazules procedentes de latitudes más septentrionales, de otras subespecies *(cyanecula* y *namnetum)*.

Aunque es una especie que no resulta abundante, es posible disfrutar de este inconfundible paseriforme en un rosario de enclaves de media y alta montaña, como el entorno de la laguna de los Peces, cerca del lago de Sanabria; el puerto de Somiedo, en el límite entre Asturias y León; los alrededores del refugio El Golobar, en las laderas de la sierra de Peña Labra; el **puerto de Peña Negra** [2], en la sierra de Piedrahíta; y la ruta que discurre entre La Plataforma y la laguna Grande de Gredos. Convive, en muchos de estos parajes, con acentores comunes, escribanos hortelanos, roqueros rojos, varias especies de currucas, alondras comunes y tarabillas europeas.

27. EL SONIDO DE LOS ALTOS PÁRAMOS

Alondra ricotí *(Chersophilus duponti)*

Unas horas antes de que despunte el alba, en el apogeo de la primavera, en determinadas parameras esparcidas en torno al Sistema Ibérico tiene lugar uno de los mejores conciertos de nuestra naturaleza, en el que participan una infinidad de voces de un amplio repertorio de aves. Y entre ellas destaca un aflautado e inconfundible canto, quizás el sonido más evocador de los altos páramos, el de la alondra ricotí o de Dupont, exclusiva de la península ibérica y el norte de África. A pesar de la drástica disminución de su área de distribución a lo largo de las últimas décadas, todavía se mantienen valiosos núcleos en las amplias planicies del sur de Soria, del este de Guadalajara, de Teruel o de Zaragoza —como en las **estepas de Belchite** [265], por ejemplo—. No será una tarea sencilla, conviene avisarlo, observar a este esquivo aláudido, dados sus discretos hábitos y su críptico plumaje.

28. EXHIBICIÓN EN LAS LLANURAS CEREALISTAS >

Avutarda euroasiática *(Otis tarda)*

La «rueda» de las avutardas, como se denomina a la exhibición de los grandes machos durante la época de celo, a lo largo de los meses primaverales, constituye uno de los espectáculos más fascinantes de nuestra naturaleza, nadie lo negará. Y tenemos la fortuna de cobijar, en la península ibérica, a tres cuartas partes de la población global de esta especie, íntimamente ligada a los espacios abiertos. Son muchos, por ello, los enclaves que se podrían recomendar para ir en búsqueda de una de las aves voladoras más pesadas del planeta, como los alrededores de las **lagunas de Villafáfila** [338], el **Campo de Montiel** [22] o los extensos llanos de **La Serena** [1]. Sin embargo, en apenas quince años, sus efectivos se han reducido un 30 % en nuestro país, un preocupante declive que también están sufriendo otras muchas aves esteparias, como el **sisón** [49] o la **alondra ricotí** [27].

29. UN TULIPÁN MUY POCO FRECUENTE

Tulipán silvestre *(Tulipa sylvestris)*

A pesar de encontrarse esparcido por diferentes zonas de la geografía peninsular, no suele ser una tarea sencilla hallar algún tulipán silvestre, una planta de porte medio y espectaculares flores, al igual que las de las otras especies de la familia de las liliáceas, como las azucenas o lirios y las **meleagrias** [90]. Los meses de abril y mayo son idóneos para ir en su búsqueda, en zonas de media montaña, rocosas y soleadas.

30. UNA VIDA LIGADA A LOS MATORRALES

Curruca tomillera *(Sylvia conspicillata)*

Restringida a zonas de matorral bajo, la tomillera es una de las diez especies de currucas nidificantes en nuestro país. Está ausente en la fachada atlántica, siendo más frecuente en el sureste ibérico, en el valle del Ebro, en los altos páramos del interior y en Canarias, especialmente en las islas más orientales. No resulta fácil de observar, sin embargo, debido a sus discretos hábitos, moviéndose casi siempre escondida entre los matorrales.

31. TRAS LAS LLUVIAS LLEGA EL FRENESÍ

Sapo corredor *(Epidalea calamita)*

Al margen de la casi ubicua rana común, el sapo corredor es el más abundante de nuestros anfibios. Capaz de vivir desde la costa hasta la alta montaña, esta especie de sapo (fácil de distinguir por la línea dorsal de su espalda) suele resultar muy numerosa tras las primeras lluvias de la primavera, momento en el que decenas y decenas de ejemplares se pueden juntar en charcas y lagunas temporales, croando al unísono, para intentar reproducirse.

32. UNA SINGULAR ELEVACIÓN, DECLARADA MONUMENTO NATURAL

Cerro Masatrigo (Badajoz)

Emergiendo de las aguas del mayor embalse de España, el de La Serena, en la mitad oriental de la provincia de Badajoz, se eleva el fotogénico cerro Masatrigo, una singular montaña de forma cónica casi perfecta. Los valores paisajísticos de este particular cerro han propiciado que se incluya en el selecto listado de Monumentos Naturales declarados en la región extremeña. Además de rodear el cerro por una estrecha carretera, de una sola dirección, se recomienda subir a la cima, a través del Sendero Botánico del Masatrigo (SL-BA 198). Las inmejorables vistas de las comarcas pacenses de **La Serena** [1] y La Siberia bien merecen el esfuerzo.

33. LA TARDÍA Y ESPECTACULAR PRIMAVERA DE LAS PARAMERAS

Parameras del Señorío de Molina (Guadalajara)

La primavera llega tarde a los altos páramos del Sistema Ibérico. Pero cuando llega, bien entrado el mes de mayo, nos depara un espectáculo incomparable: estas frías planicies calizas, como las que se extienden por la comarca del Señorío de Molina, situada a una altitud media de unos 1.100 m, se ven tapizadas por una variada paleta de colores amarillos, verdes y azules, correspondientes a la súbita floración de los cambrones, aulagas, tomillos y otros matorrales de porte almohadillado. Prestando atención, existe la posibilidad de escuchar alguna **alondra ricotí** [27] y de localizar insectos como la **empusa** [152] o la escasa mariposa *Erebia epistygne*.

PRIMAVERA

34. LAS MARISMAS DEL GUADALQUIVIR, ¿ANTE SU ÚLTIMA OPORTUNIDAD?

Doñana (Huelva y Sevilla)

Cuesta ser optimista al hablar de Doñana, por mucho que duela admitirlo. A pesar de su reconocida importancia a escala internacional, las indómitas y cambiantes marismas del Guadalquivir siguen estando seriamente amenazadas. Y quizás, cada vez más. Durante los últimos años, una infinidad de captaciones ilegales está secando Doñana, sobreexplotando sus acuíferos, ya de por sí agonizantes debido a la creciente falta de precipitaciones.

«Doñana representa nada menos que un paraíso en la tierra», llegó a afirmar Abel Chapman, un naturalista británico pionero en dar a conocer el estuario del Guadalquivir, desde finales del siglo XIX. Si queremos preservar lo que queda de aquel paraíso, urge lograr una implicación seria en la protección real de las marismas más extensas de Europa, con el apoyo de las administraciones, el sector primario y la comunidad científica. Puede ser esta su última oportunidad.

Las marismas de El Rocío y el Centro de Visitantes El Acebuche, de fácil acceso, constituyen dos lugares idóneos para comenzar la visita a este afamado Parque Nacional andaluz, al igual que el Centro de Visitantes José Antonio Valverde. Conviven, en este inigualable mosaico de marismas, dunas, playas y pinares, joyas de nuestra fauna como el icónico **lince ibérico** [275] o la escasa y endémica lagartija de Carbonell, junto con una infinidad de aves, como **flamencos** [314], espátulas, garzas, cigüeñas, moritos, fumareles, fochas, zampullines, anátidas, limícolas y un sinfín de especies más. Conviene madrugar y apostarse, antes de que salga el sol, a orillas de las marismas con los prismáticos al cuello, el telescopio y la cámara: los amaneceres en Doñana resultan difíciles de olvidar, especialmente en primavera, época en la que la vida bulle por doquier en este inmenso humedal.

35. UNA EXÓTICA NOTA DE COLOR EN LOS ALCORNOCALES

Ojaranzo *(Rhododendron ponticum)*

El ojaranzo o rododendro constituye un verdadero tesoro botánico, una especie relicta de la Era Terciaria, en la que parte de la Península se encontraba cubierta de bosques muy similares a la **laurisilva canaria** [266]. Abril y mayo son los meses más apropiados para disfrutar de las coloridas flores del ojaranzo, cuya presencia en nuestro país prácticamente se restringe a **Los Alcornocales** [118], en el extremo meridional de la Península.

36. LAS VISTOSAS FLORES DE LA ORQUÍDEA DE VARIOS COLORES

Dactylorhiza sambucina

A lo largo de la segunda quincena de mayo, habitualmente, tiene lugar la espectacular floración de la orquídea *Dactylorhiza sambucina*, una de las pocas especies que presenta flores de diversas tonalidades (predominando el color amarillo y el rosa). En determinados enclaves de Pirineos, como en **El Portalet** [139], y de la cordillera Cantábrica, puede resultar localmente abundante, llegando a cubrir extensas praderas con sus vistosas flores.

37. ENDÉMICA DE LA MITAD SURORIENTAL PENINSULAR

Carraspique blanco *(Iberis pectinata)*

Son varias las especies del género *Iberis* endémicas de nuestro territorio, varias de ellas exclusivas de diversas sierras y enclaves andaluces. El carraspique blanco, igualmente restringido a la geografía ibérica, aparece salteado por zonas de naturaleza caliza y arenosa, repartido por la mitad oriental y meridional de la Península. No es difícil de localizar, por ejemplo, a comienzos de abril en el Parque Regional del Sureste, en Madrid.

38. EL PATO DE INCONFUNDIBLE PICO

Malvasía cabeciblanca *(Oxyura leucocephala)*

«Érase un pato a un inconfundible pico pegado», quizás hubiese apuntado Francisco de Quevedo, en caso de haber reparado en un macho de malvasía, en plena época de cría. Lo cierto es que muy pocas aves presentan un pico que pueda competir en vistosidad con el de esta anátida, de un intenso color azul. Si bien sus poblaciones se han ido recuperando, esta especie sigue catalogada como «En Peligro de Extinción».

39. UNO DE NUESTROS TESOROS ENTOMOLÓGICOS

Ondas blancas *(Euphydryas desfontainii)*

Restringida a la península ibérica y al norte de África, es posible ver volar a esta mariposa de colores anaranjados entre los meses de mayo y junio, por diversas zonas de nuestra geografía, especialmente en el Prepirineo (desde Cataluña a Navarra), en el centro peninsular y en el sur de Andalucía, entre otros lugares. En las zonas soleadas en las que vive, como barrancos cálidos con vegetación baja, suele resultar escasa.

40. UN COLORIDO Y TÓXICO TAPIZ FLOTANTE

Ranúnculo acuático *(Ranunculus peltatus)*

Al comienzo de la primavera, a lo largo de marzo habitualmente, tiene lugar la llamativa floración de los ranúnculos acuáticos, una especie que se extiende por casi toda la Península, resultando más abundante en la mitad occidental. Es una planta tóxica por las sustancias que contiene, por lo que el ganado y los herbívoros silvestres evitan consumirla. *Ranunculus* es uno los géneros más diversos en nuestra geografía, con 70 especies diferentes.

41. DISTRIBUIDA POR TRES CONTINENTES

Tortuga mora *(Testudo graeca)*

La tortuga mora, una de las dos únicas especies de tortugas terrestres de nuestra geografía (junto con la tortuga mediterránea), se distribuye a escala global entre tres continentes, desde el norte de África hasta Asia Central, ocupando a su vez determinados enclaves del sur de Europa.

En España, en concreto, tiene su principal núcleo en el sureste ibérico (entre Murcia y Almería), además de estar presente en **Doñana** [34] y en el noroeste de Mallorca. Con unas claras similitudes morfológicas y genéticas, no hay duda de que las tortugas moras de nuestro país proceden del norte de África, si bien hay cierta controversia sobre su origen; no obstante, varias publicaciones subrayan la existencia de evidencias que confirmarían la llegada natural de este quelonio a finales del Pleistoceno, hace varios miles de años, desde las zonas costeras de Argelia.

Al igual que ocurre con otros reptiles, durante la primavera las tortugas moras muestran una mayor actividad, tras el letargo invernal. En el sureste de la Península realizan la mayor parte de sus desplazamientos entre abril y mayo, fundamentalmente, aunque tienen asimismo un periodo de actividad otoñal, en septiembre y octubre. Las tortugas moras viven en ambientes desérticos y semiáridos, con suelos arenosos, vegetación aclarada y fuerte insolación. Entre otros lugares, se puede ir en su búsqueda en los alrededores de Turre, en la sierra Cabrera; en la sierra de la Almenara; en las inmediaciones del embalse de Puentes, en las Tierras Altas de Lorca; o en las llanuras pedregosas a los pies del **cabo Cope** [23]. Dada su precaria situación, al estar en declive la mayor parte de sus poblaciones, se considera «En Peligro» en el *Atlas y Libro Rojo de los Anfibios y Reptiles de España*.

42. UN SORPRENDENTE REFUGIO DE BIODIVERSIDAD
Laguna de Valdemanco (Madrid)

En las estribaciones orientales de la sierra de Guadarrama, a los pies de los aserrados riscos de La Cabrera, se esconde uno de los muchos tesoros naturales del territorio madrileño, la laguna de Valdemanco. Este humedal estacional alberga una sorprendente biodiversidad, con un claro protagonismo de los anfibios durante los meses primaverales: al caer la noche es posible detectar, en el agua y en las orillas, especies como el tritón jaspeado, el gallipato, la **ranita de San Antonio** [17] o el sapo de espuelas, además de los más abundantes **sapos corredores** [31]. Junio y julio, por su parte, pueden deparar la observación de muy diversos insectos, como los *Libelloides* [10] o de joyas vegetales como la delicada orquídea *Spirantes aestivalis*.

43. DONDE EL SILENCIO DA NOMBRE A LOS VALLES
Montes Aquilianos (León)

Al sur de Ponferrada, en El Bierzo, se extienden los Montes Aquilianos, un alomado y poco transitado cordal montañoso, que cuenta con varias cumbres por encima de los dos mil metros de altitud. Pero el encanto especial a estas sierras se lo otorgan, qué duda cabe, sus remotas y pintorescas aldeas, como Peñalba de Santiago (declarada, en conjunto, Bien de Interés Cultural) o Montes de Valdueza, ambas escondidas entre frondosos castañares y densos **brezales** [25]. Si se dispone de tiempo, el valle del Silencio, cuyo nombre y cuyo entorno invitan casi al retiro espiritual, resulta idóneo para desconectar y olvidar las prisas, dejándonos llevar por el sosegado ritmo de este enclave rural único.

44. UN ENGAÑOSO E IRRESISTIBLE ATRACTIVO

Orquídea becada *(Ophrys scolopax)*

Con varias decenas de especies repartidas por nuestra geografía, las orquídeas abejeras (del género *Ophrys*) constituyen unas de nuestras plantas más singulares. Entre otros rasgos comunes, todas las orquídeas presentan un tipo de pétalo modificado, el labelo, de diferentes formas y colores. Y es en las especies del género *Ophrys*, precisamente, donde los labelos alcanzan una mayor vistosidad y sofisticación: con el paso del tiempo, la evolución ha ido moldeando estos pétalos, diseñados para atraer de una manera casi irresistible a sus polinizadores (abejas y otros himenópteros, como su nombre indica). La orquídea becada o flor de abeja es una de las especies del género más extendidas, sobre todo en zonas de matorrales sobre suelos calizos.

45. UNA ORQUÍDEA DE TONOS MORADOS

Limodoro violeta *(Limodorum abortivum)*

Con un curioso aspecto, casi enteramente de color morado y azul, esta orquídea difiere en una serie de particularidades de otras especies de la familia. Por lo que se ha estudiado hasta la fecha, estas plantas prácticamente no realizan la fotosíntesis, obteniendo sus nutrientes a través de las micorrizas, una singular asociación simbiótica entre las raíces de la planta y determinados hongos. Al no necesitar la luz del sol, prosperan cómodamente en el interior de bosques (como pinares, robledales o encinares), en zonas sombreadas; son capaces incluso, de modo excepcional, de florecer y fructificar bajo tierra o bajo la hojarasca. Es una especie bien distribuida por la Península (más frecuente en la mitad oriental) y Baleares.

PRIMAVERA

46. SAN GREGORIO, EN UN ALTO, UN MIRADOR PRIVILEGIADO

Peñas de San Gregorio (Navarra)

La modesta sierra sobre la que se emplaza la Basílica de San Gregorio Ostiense (uno de los mejores ejemplos, indudablemente, del barroco navarro) nos depara unas de las vistas más sorprendentes y quizás desconocidas del suroeste de Navarra. Desde la localidad de Sorlada, en la Merindad de Estella, se puede ascender a pie o en coche a este altozano privilegiado, para contemplar una fantástica panorámica. Hacia el sur se alza, altivo, el Moncayo, así como las cumbres más altas de la sierra de la Demanda, con nieve buena parte del año; y hacia el oeste y noroeste, más cerca quedan los imponentes relieves de las sierras de **Codés** [9], Lóquiz, Urbasa y Andía.

47. POR TIERRA DE OSOS Y LOBOS

Puerto de Leitariegos (Asturias y León)

El puerto de Leitariegos es una de las principales puertas de entrada al Parque Natural de las Fuentes del Narcea, Degaña e Ibias, un emblemático espacio natural del occidente asturiano, en el que se entremezclan bosques casi intactos, altas cumbres y recónditos valles. Estos montes albergan una de las mejores poblaciones de **oso pardo** [119], además de lobos y gatos monteses. En los alrededores del puerto, aparte de poder visitar la Reserva Natural del Cueto de Arbas, no faltan alicientes naturalísticos, con una amplia diversidad de especies de flora (destacando varios narcisos o la espectacular *Erythronium dens-canis*) y de fauna (abunda la lagartija endémica *Iberolacerta monticola* y es fácil ver escribano cerillo y bisbita alpino).

48. LA MARIPOSA MÁS GRANDE DE EUROPA

Gran pavón *(Saturnia pyri)*

Con una envergadura que puede sobrepasar los 15 cm, la mariposa gran pavón es el lepidóptero de mayor porte de todo el continente europeo y uno de los más espectaculares del mundo. Se encuadra, taxonómicamente, dentro de la familia *Saturniidae*, en la que también se incluyen otras gigantescas mariposas de latitudes tropicales, como la mariposa atlas *(Attacus atlas),* la mariposa luna de Madagascar *(Argema mittrei)* o la mariposa cuatro espejos *(Rothschildia orizaba)*, además de nuestra emblemática **mariposa isabelina** [60].

Al igual que estas especies mencionadas, la mariposa gran pavón exhibe en sus alas anteriores y posteriores cuatro grandes ocelos, a modo de estrategia defensiva para ahuyentar a sus posibles depredadores, ya que estas conspicuas marcas se asemejan a los ojos de un búho. De costumbres nocturnas o crepusculares, los adultos o imagos vuelan fundamentalmente entre mediados de abril y comienzos de junio, pudiendo aparecer en entornos muy diferentes, desde enclaves urbanos (a los que acuden atraídas, fatídicamente, por el alumbrado) a diversos tipos de bosques. Muestran una cierta preferencia por los almendros, uno de los árboles de cuyas hojas se alimentan las orugas, junto con los sauces, fresnos, álamos o robles, entre otros.

Está presente en todos los países mediterráneos del continente europeo. En la geografía ibérica, en concreto, se extiende por la mayoría de las regiones, resultando más escasa en el extremo noroeste y en las zonas de alta montaña. Se puede observar desde el nivel del mar a comarcas del interior, de una punta a otra de la Península, por ejemplo en los alrededores de la playa de Bolonia, cerca del **Estrecho** [218]; en la sierra del Rincón, en el norte de la comunidad madrileña; o en las inmediaciones de la ciudad de Bilbao.

PRIMAVERA

49. UNO DE LOS EMBLEMAS DE NUESTRA AVIFAUNA, EN PREOCUPANTE DECLIVE

Sisón común *(Tetrax tetrax)*

Atrás quedaron los grandes bandos de miles y miles de sisones que se formaban en nuestra geografía durante los meses más fríos, una estampa que todavía podía admirarse a comienzos del presente siglo, en contados lugares de la Meseta Sur. La debacle sufrida en sus poblaciones en estas últimas décadas ha sido mayúscula, desembocando en su aciaga declaración oficial como especie «En Peligro de Extinción» en el año 2023.

Esta singular especie, la única representante de su género a escala global, tiene una clara preferencia por los terrenos abiertos y desarbolados, fundamentalmente por las estepas cerealistas, con pastizales, barbechos y baldíos intercalados. Y estos son los paisajes, por desgracia, que más se han transformado y fragmentado de un tiempo a esta parte. La intensificación de los cultivos de cereal de secano, la eliminación de las parcelas en barbecho o el imparable incremento de regadío y de cultivos leñosos, junto con la proliferación de macroproyectos de energías renovables y de todo tipo de infraestructuras, han modificado, en muchos casos de manera irreversible, el hábitat de un valioso elenco de especies esteparias.

Tras su desaparición en prácticamente todo el continente, las mejores poblaciones europeas de sisones se reparten entre Castilla-La Mancha (con dos terceras partes de sus efectivos) y Extremadura, nidificando de manera aislada en otras regiones de la Península, desde Galicia hasta Murcia, pasando por la Meseta Norte y el valle del Ebro. Todavía es posible disfrutar de sus siseantes vuelos y sus saltos territoriales en enclaves privilegiados, como en los llanos de **La Serena** [1], de **Campo de Calatrava** [337], de **Campo de Montiel** [22], de la comarca toledana de **La Sagra** [326] y de los **Saladares del Guadalentín** [311].

50. LA ESPECIE ANIMAL MÁS ANTIGUA SOBRE LA FAZ DE LA TIERRA

Triops cancriformis

Mucho antes de que los dinosaurios dominasen la faz de la Tierra, antes incluso de que *Pangea* diese lugar a *Laurasia* y *Gondwana*, un singular crustáceo, de peculiar apariencia, ya existía en este planeta. Invariable desde el inicio de la Era Mesozoica, hace unos 220 millones de años, *Triops cancriformis* es considerada la especie animal viva más antigua que perdura hoy en día; un verdadero tesoro biológico. Con una distribución cosmopolita, este crustáceo ha subsistido hasta nuestros tiempos ligado a zonas húmedas y lagunas. En España resulta una especie rara y se conoce su presencia, hasta la fecha, únicamente en contados lugares de la Península y Baleares.

51. UNA LLAMATIVA COLORACIÓN DE ADVERTENCIA

Zygaena trifolii

Mientras que un amplio abanico de especies de insectos prefiere pasar totalmente desapercibido, confiando en un críptico diseño para evitar a los depredadores, otros han optado por una estrategia defensiva totalmente opuesta. Este es el caso de los lepidópteros del género *Zygaena*, conocidos popularmente como zigenas o gitanillas, que exhiben una llamativa coloración aposemática como inequívoca señal de advertencia, ya que son capaces de sintetizar acido cianhídrico, altamente tóxico. Tanto las 22 especies de zigenas presentes en la Península, como otras especies del género, constituyen un ejemplo clásico de mimetismo mülleriano, un fenómeno evolutivo a través del cual diferentes especies venenosas «imitan», entre ellas, una serie de rasgos, resultando en consecuencia muy parecidas unas a otras.

52. EL MAYOR HAYEDO DE ASTURIAS
Monasterio de Hermo (Asturias)

Flanqueando la cabecera del río Narcea, principal afluente del Nalón, se ubica el mayor hayedo del Principado, un bosque tan espectacular como desconocido para el gran público. Esta masa forestal, situada en el corazón del Parque Natural de las Fuentes del Narcea, Degaña e Ibias, se puede admirar desde la carretera que conecta Gedrez y Monasterio de Hermo, de la cual parten varias pistas y senderos hacia el interior del bosque.

53. UNA RUTA MIGRATORIA DE LO MÁS SORPRENDENTE
Alcaudón dorsirrojo *(Lanius collurio)*

El alcaudón dorsirrojo es una las aves más representativas del tercio norte peninsular, internándose por el Sistema Central hasta el macizo de Gredos, alcanzando a su vez diversos enclaves de la serranía conquense. Curiosamente, para viajar hasta sus cuarteles de invernada, al sur del Sáhara, todos los años realiza una larga ruta migratoria por el Mediterráneo oriental, recorriendo miles y miles de kilómetros.

54. UN NARCISO ENDÉMICO DE LOS PIRINEOS
Narcissus moschatus

Con unas flores de color blanquecino o amarillo muy pálido, no resulta complicado diferenciar a esta especie de narciso, exclusiva de la cordillera pirenaica y alrededores, de otros congéneres. Se puede encontrar desde finales de abril a comienzos de junio en ambientes muy diferentes, como claros de bosque, bordes de arroyos o praderas de alta montaña. Las zonas más elevadas del **valle de Ordesa** [55] acogen buenas poblaciones.

55. UN INMENSO POEMA GEOLÓGICO DE ALTAS CUMBRES, VERTIGINOSAS PAREDES Y RUIDOSAS CASCADAS

Valle de Ordesa (Huesca)

La incesante labor erosiva del río Arazas, junto con la acción de las grandes y gélidas lenguas glaciares que antaño moldearon el corazón de los Pirineos, nos han regalado uno de los escenarios naturales más sobrecogedores de nuestra geografía, el valle de Ordesa, un «inmenso poema geológico» —tomando prestada la descripción del célebre geógrafo, cartógrafo y pintor francés Franz Schrader—, convertido desde hace siglos en santuario de obligada peregrinación para incontables pirineístas y amantes de las montañas más salvajes.

Este es uno de los cuatro valles o sectores, junto con Añisclo, Escuaín y Pineta, que conforman el Parque Nacional de Ordesa y Monte Perdido, declarado en 1918, tras la insistencia y preocupación de numerosos exploradores y escritores, como Lucien Briet, quien recalcaba a comienzos del siglo pasado que era «imprescindible proteger el valle de Ordesa»; una protección que, por suerte, llegó a tiempo, salvaguardando un paisaje sin parangón, culminado por el macizo calcáreo más alto de Europa, el de las Tres Sorores: Monte Perdido (la tercera cima más elevada de la cordillera pirenaica), el Cilindro de Marboré y el Pico Añisclo o Soum de Ramond.

Son muchos los símbolos florísticos de Ordesa, desde la **azucena de los Pirineos** [93] hasta la discreta **borderea** [114], pasando por el **edelweiss** [113], la **corona de rey** [127], la **oreja de oso** [177] y diversas orquídeas, como el **zapatito de dama** [65]. Entre la fauna, sobresale el **quebrantahuesos** [214], el rebeco o sarrio, el armiño, el **lagópodo alpino** [146], el treparriscos, el gorrión alpino, la lagartija pirenaica, el **tritón pirenaico** [191], la **rosalia alpina** [117] y la **mariposa apolo** [121]. Se puede recorrer el valle desde la Pradera de Ordesa, accediendo desde Torla, a través de distintas rutas. Otra opción consiste en ascender desde Nerín hasta los miradores de Sierracils, desde donde se admira una panorámica que roba, por unos largos segundos, el aliento y las palabras.

PRIMAVERA

56. CASI EN LO MÁS ALTO DEL PÓDIUM DE LOS GRANDES SAURIOS EUROPEOS

Lagarto ocelado *(Timon lepidus)*

Alcanzando, los ejemplares de mayores dimensiones, una talla de unos 70 cm desde el hocico hasta el extremo de la cola, el lagarto ocelado únicamente se ve superado en tamaño, en el ámbito del continente europeo, por otro colosal lacértido, el lagarto bético (*Timon nevadensis*), exclusivo del sureste de la geografía ibérica.

Además de por su robusto porte, este atractivo reptil destaca por el vistoso diseño que dibujan sus escamas, predominando las tonalidades verdes y amarillentas, con un fino punteado negro, unas llamativas manchas azules en los laterales y unas características hileras de ocelos dorsales, de los que deriva su «apellido» vernáculo. Habita en terrenos aclarados, con presencia de rocas y matorrales, desde áreas agrícolas a zonas de montaña, pasando por bosques, parques periurbanos e, incluso, islotes y áreas costeras.

A pesar de su innegable belleza, este gran saurio ha sido incesamente perseguido por el ser humano hasta hace tan solo unas pocas décadas, ya sea para servir de alimento o por ser considerado una especie dañina en los cotos de caza (aunque se alimenta casi únicamente de insectos, antiguas creencias erróneas popularizaron de manera injusta que los lagartos causaban estragos en las poblaciones de aves y mamíferos cinegéticos). Por suerte, y a pesar de que no resulta ni mucho menos abundante, es posible a día de hoy deleitarse con este preciado reptil en muchas zonas de la Península, a excepción de algunas regiones del norte (desde Asturias hasta Gipuzkoa resulta muy escaso) y del sureste. Los meses primaverales son los más indicados para ir a su encuentro; encuentros que resultan casi siempre fugaces y a cierta distancia, dados sus esquivos hábitos. ¡Respetemos las maravillas de nuestra naturaleza, como el lagarto ocelado, tan repudiado hace no tanto!

57. UN TESORO ESCONDIDO EN EL NORESTE DE MALLORCA

Son Real (Mallorca)

En la bahía de Alcudia, a escasa distancia del Parque Natural de **S'Albufera** [258], se encuentra la finca pública de Son Real, uno de los tesoros naturales de Mallorca, que posee a su vez un gran interés arqueológico. En los pinares, zonas de matorral y dunas costeras se refugia un elevado número de especies, como la curruca balear y la orquídea abejera *Ophrys balearica* (ambas, endémicas) o la tortuga mediterránea.

58. UNA EXPLOSIÓN FLORAL EN EL MONTE MEDITERRÁNEO

Jara pringosa *(Cistus ladanifer)*

Bien extendida por el cuadrante suroeste de la Península, la jara pringosa es una de las especies más conocidas de nuestra flora, hasta el punto de dar nombre a una comarca toledana, apareciendo a su vez en el «apellido» de varios pueblos de otras provincias. A lo largo de la segunda quincena de abril acontece su espectacular floración, cubriendo de un intenso color blanco las laderas del monte mediterráneo.

59. UN RARO CARDO «EXTINTO», REDESCUBIERTO POR SORPRESA

Carduncellus matritensis

¿Puede una especie de planta «resucitar»? No es algo habitual, desde luego, pero este fue el caso de *Carduncellus matritensis*, aparentemente extinta desde el año 1935. Gracias al buen ojo de Enrique Luengo y de otros naturalistas, se han descubierto varias poblaciones en zonas de suelos ricos en arcillas, conviviendo con otras joyas botánicas, como **Cynara tournefortii** [134], tanto en **La Sagra** [326] toledana como en los alrededores de Madrid.

PRIMAVERA

60. CONSIDERADA, DE MANERA UNÁNIME, LA MARIPOSA EUROPEA DE MAYOR BELLEZA

Mariposa isabelina *(Graellsia isabelae)*

De incredulidad y admiración, por partes iguales, son las sensaciones que despierta el primer encuentro con la mariposa isabelina, un extraordinario lepidóptero de hábitos nocturnos y de efímera vida adulta, emblema entomológico por excelencia de nuestro país.

Esta joya alada, considerada la mariposa de mayor belleza de todo el continente, se distribuye por diversos sistemas montañosos de la Península, además de contar con algunas poblaciones aisladas en el sur de Francia. Sorprende, por ello, y más dada su exótica y llamativa apariencia, que el descubrimiento y la descripción de este singular satúrnido no se produjera hasta mediados del siglo XIX. Fue el ilustre Mariano de la Paz Graells quien se topó por primera vez con la mariposa isabelina, concretamente en 1849, tras años de tenaz búsqueda, en los Pinares Llanos de Peguerinos, dedicando el hallazgo a la reina Isabel II.

En la geografía ibérica está presente, fundamentalmente, en cuatro grandes cordilleras: el Sistema Ibérico, el Sistema Central, el Sistema Bético y Pirineos, asociada siempre a pinares bien conservados de pino silvestre y pino laricio, cuyas acículas constituyen el único alimento del que se nutren las orugas. Los adultos o imagos vuelan solo unos pocos días al año, entre mediados de mayo y comienzos de junio, con el único objetivo de reproducirse. Con paciencia y suerte, en ocasiones atraída por la luz de las farolas y edificios cercanos a los pinares, no es difícil observar a la isabelina en diversos enclaves de la sierra de Guadarrama (como ocurre en Cercedilla, Navacerrada, Cotos, San Rafael o Peguerinos), del Alto Tajo, de la Serranía de Cuenca y de la sierra de Albarracín (cerca de Orihuela del Tremedal), en el **Alto Turia** [253], en Els Ports y en varios lugares de Pirineos y sus estribaciones (desde el Bosque Animado de Ilundáin, cerca de Pamplona, hasta Figueres).

61. UN REPTIL NOCTURNO, LIGADO AL MEDITERRÁNEO

Salamanquesa rosada *(Hemidactylus turcicus)*

Mucho menos conocida y extendida que su pariente la salamanquesa común, esta especie de reptil de costumbres crepusculares y nocturnas, sin embargo, es relativamente frecuente en diversas provincias bañadas por el Mediterráneo, en el este y en el sur de la Península, estando presente a su vez en Baleares.

Curiosamente, es el único representante europeo de su género (*Hemidactylus*), que comprende en torno a 135 especies ampliamente distribuidas por todo el mundo (África, Asia, América y Oceanía), la mayoría de ellas vinculadas a las regiones tropicales. Y constituye, además, el único gecónido de nuestra fauna, al estar incluido el género *Tarentola* —en el que se engloban la salamanquesa común y los cuatro perenquenes canarios, endémicos del archipiélago— dentro de la familia *Phyllodactylidae*.

Aunque a cierta distancia puede pasar desapercibido, una mirada más cercana desvela el atractivo patrón que luce este pequeño y delicado reptil, de tonalidades rosadas y oscuras. Además de por su coloración y su menor tamaño, se diferencia de la salamanquesa común por otros rasgos, como las uñas (bien visibles en la salamanquesa rosada). Al caer la noche se mueve por muros y zonas rocosas, en busca de presas, casi siempre a baja altura. Los mejores lugares para ir en su búsqueda se extienden desde la costa alicantina hasta el **Estrecho** [218], aunque se esparce también por el litoral catalán (por el **Cap de Creus** [203] o por los alrededores de Barcelona, por ejemplo), por las principales islas del archipiélago balear y por otras zonas de la geografía ibérica, internándose por los valles del Guadalquivir y del Ebro.

62. REMONTANDO EL SINUOSO ÚLTIMO TRAMO DEL LOZOYA

Meandros del río Lozoya (Madrid y Guadalajara)

En el Pontón de la Oliva, una antigua presa que mandó construir la reina Isabel II a mediados del siglo xix, comienza una atractiva y cómoda ruta de senderismo, que remonta el sinuoso último tramo del río Lozoya, por su orilla madrileña. Forma aquí, este afluente del Jarama, unos espectaculares meandros, flanqueados en la orilla de Guadalajara por grandes paredones calizos, hogar del buitre leonado y de la escasa águila perdicera. Además de los fresnos centenarios, de enormes troncos, que jalonan el Lozoya, merecerán toda la atención la vistosa floración de los almendros (en marzo) y los bosques mixtos de quejigos y **arces de Montpellier** [190].

63. «UN VERDADERO PARAÍSO», EN EL SUR DE ÁVILA

Pinar de Hoyocasero (Ávila)

Carlos Pau (1857-1937), uno de los más ilustres botánicos españoles, llegó a afirmar: «El Pinar de Hoyocasero es de los más ricos que conozco en España... es muy parecido a ciertos rincones y valles del Pirineo Aragonés. Yo creo que en el centro de la Península no existe cosa que ni remotamente se le parezca. Aquello es un verdadero paraíso». En este bosque mixto de pinos silvestres y robles melojos, situado entre las sierras de Gredos y la Paramera, se dan cita cientos de especies vegetales, algunas de ellas más propias de las regiones eurosiberianas de la Península, como la **pulsatila** [75], el **lirio de los valles** [77] o la **azucena silvestre** [115], así como la singular *Rhaponticum exaltatum* [97].

64. UN RECORRIDO PARA DESCUBRIR LOS VOLCANES MÁS MERIDIONALES DE LA PALMA

Volcanes de Teneguía (La Palma)

Desde el fotogénico faro de Fuencaliente, situado muy cerca del vértice meridional de La Palma, dando la espalda al mar se contempla uno de los paisajes más agrestes y fascinantes de todo el archipiélago, conformado por el extremo de la Dorsal de Cumbre Vieja. En este paraje termina la estructura volcánica más reciente de la isla y una de las zonas más activas de Canarias, como se pudo constatar fatídicamente entre septiembre y diciembre de 2021, con la larga erupción del volcán de Tajogaite, que tantos estragos causó en la mitad oeste de la isla.

Un tramo del Camino Natural de La Palma, GR-131 (etapa 7), conocido como «Ruta de los Volcanes», atraviesa estas tierras negras e inhóspitas, de impactante belleza. Se recomienda realizar el tramo, en concreto, entre el faro de Fuencaliente y el núcleo de Los Canarios (6,7 km, solo ida), el cual discurre junto al volcán de Teneguía y el volcán de San Antonio (que cuenta con un centro de visitantes en su base).

Toda la zona, en conjunto, se incluye dentro del «Monumento Natural de Los Volcanes de Teneguía», una figura de protección que engloba un rosario de conos y malpaíses volcánicos, entre los que sobresalen los pertenecientes a varias erupciones históricas, como las de los mencionados volcanes de Teneguía (en 1971) y de San Antonio (en 1677-1678). Es este un paraíso, qué duda cabe, para vulcanólogos y geólogos, siendo posible admirar una variadísima amalgama de coladas, materiales piroclásticos y diversos afloramientos, como los domos extrusivos. Sorprende, a su vez, el elenco de especies vegetales capaces de prosperar en estos terrenos hostiles, con comunidades pioneras en las faldas de los volcanes de arreboles (*Echium brevirame*) y tomillos burros (*Micromeria herpyllomorpha*), entre otras plantas.

PRIMAVERA

65. NUESTRA ORQUÍDEA MÁS ESPECTACULAR, ESTRICTAMENTE PROTEGIDA

Zapatito de dama *(Cypripedium calceolus)*

No recibe, por desgracia, casi ninguna especie de orquídea de nuestro país un nombre vulgar o vernáculo, salvo contadas excepciones, entre las que se encuentra *Cypripedium calceolus*, de hipnótica belleza, conocida popularmente como zapatito de dama, zueco de Venus, zapatito de la reina o zapatico de la Virgen.

Esta espectacular orquídea, que puede alcanzar los 60 cm de altura, presenta una serie de rasgos muy distintivos, siendo esta especie la única representante en Europa de un grupo de orquídeas (subfamilia *Cypripedioideae*) bien extendido por latitudes tropicales de Asia y América. Resulta realmente particular, por ejemplo, su singular y gran labelo, de un brillante color amarillo intenso, ahuecado en forma de zueco (de donde provienen sus diferentes denominaciones); este pétalo modificado funciona como una ingeniosa trampa: los insectos son atraídos al interior, de donde solamente pueden salir por unas pequeñas aberturas laterales, llevándose el polen de la flor adherido a su cuerpo.

Florece, de manera solitaria o en pequeños grupos, durante la primera quincena de junio. En España sus poblaciones se concentran en el Pirineo oscense (repartidas entre los valles de Tena, de **Ordesa** [55] y de Pineta) y en determinados enclaves del Prepirineo catalán (como la Serra de Catllaràs, los Rasos de Peguera y los Rasos de Tubau, en el tercio norte de la provincia de Barcelona). Tiene preferencia por los bosques húmedos, especialmente por hayedos y pinares, creciendo casi siempre sobre terrenos calizos. Debido al atractivo de sus flores, ha sido recolectada ilegalmente en diversos países, encontrándose en regresión. Se trata de una especie estrictamente protegida, a escala europea y autonómica, estando de hecho algunas de sus poblaciones vigiladas durante todo el periodo de floración.

66. UN TESORO BOTÁNICO, ENVUELTO ENTRE NIEBLAS

Sierra del Sueve (Asturias)

Casi a orillas del Cantábrico, el macizo calcáreo del Sueve emerge abruptamente en la rasa costera del **litoral oriental de Asturias** [345], coronado por un reguero de crestas y cimas, entre las que se alza la cumbre de más de mil metros más próxima al mar de toda la Península, el Sellón (a unos 4,5 km de la costa). Durante buena parte del año envuelven a esta sierra del Principado densas nieblas, ancladas en sus laderas más elevadas durante días y días, quizás queriendo ocultar la valía botánica y ambiental que caracteriza a estos montes, salpicados de dolinas, lapiaces, cuevas, valles ciegos y otras formaciones kársticas.

Entre otras joyas, la sierra del Sueve alberga una de las mayores concentraciones de tejos de todo el continente, repartida por diversas tejedas que se esparcen por las faldas más elevadas del pico Pienzu, en las cuales es posible admirar incontables tejos, muchos de ellos varias veces centenarios, creciendo junto a **acebos** [225], avellanos y majuelos. Una mención especial merece, asimismo, el hayedo o *fayéu* de la Biescona, en el que las hayas prosperan a cotas insólitamente bajas, a partir de los 200 m de altitud.

Algo más al norte, desde Gobiendes, localidad del concejo de Colunga emplazada en el piedemonte septentrional del Sueve, se accede cómodamente a otro de los parajes más singulares de esta sierra, el manantial de Obaya (en la imagen), una de las mayores surgencias de aguas subterráneas de la región. Aquí, a orillas del río Espasa, en un ambiente casi tropical, es difícil no abrumarse ante la diversidad de helechos, destacando la presencia de especies muy singulares, como ***Stegnogramma pozoi*** [342], ***Woodwardia radicans*** [231], ***Phyllitis scolopendrum*** [147] e, incluso, *Culcita macrocarpa*, entre los más abundantes *Dryopteris filix-mas*, *Athyrium filix-femina* y *Polypodium cambricum*.

PRIMAVERA

67. UN PASEO ENTRE DEHESAS, PINARES Y CASTAÑARES
Valle del Tiétar (Ávila y Toledo)

Delimitando las provincias de Ávila y Toledo, el río Tiétar discurre de este a oeste, conformando en el primer tercio de su recorrido un espectacular valle, parapetado por las altas cumbres de Gredos, al norte, y los alomados relieves de la sierra de San Vicente, al sur. Se alternan aquí amplias dehesas, pinares de enormes pinos piñoneros y densos castañares, entre otras formaciones arbóreas. Además de poder disfrutar, a lo largo del año, de un variado repertorio de especies de fauna y flora, no hay que dejar pasar la oportunidad de visitar un enclave muy especial, el Jardín Botánico «Valle del Tiétar», de gran interés científico y educativo.

68. UN DESIERTO MUY LLENO DE VIDA
Los Monegros (Huesca y Zaragoza)

Tras un primer vistazo habrá quien piense, erróneamente, que Los Monegros carecen de interés naturalístico alguno. Lo cierto es que esta sucesión de estepas, cárcavas, barrancos, cerros, muelas y lagunas saladas temporales, conforma, en conjunto, uno de los paisajes más fascinantes del continente europeo, refugio de una biodiversidad única. Como ejemplo ilustrativo, en un exhaustivo inventario dirigido a estudiar «únicamente» los invertebrados asociados a la vegetación de yesos en Los Monegros... ¡se registraron más de 4.000 especies diferentes, incluyendo más de un centenar de taxones nuevos para la ciencia! Las Ripas de Alcolea, los alrededores de Jubierre, las Saladas de Sástago-Bujaraloz o el Barranco de San Blas son solo algunos de los incontables enclaves de obligada visita.

69. REPRESENTANTE DE LA AVIFAUNA DEL MONTE MEDITERRÁNEO

Curruca carrasqueña occidental *(Curruca iberiae)*

Este inquieto paseriforme migrador nidifica, exclusivamente, en la península ibérica y el sureste de Francia. Es una de las especies más representativas del matorral del monte mediterráneo y de las zonas de media montaña, en donde no es difícil de detectar al inicio de la primavera. Como ocurre en el caso de otras aves, hay diferencias de plumaje entre ambos sexos, siendo los machos más llamativos, gracias a su contrastado diseño y su marcada bigotera blanca.

70. EL ESPEJO DE LA SIERRA DE GUADARRAMA

Embalse del Pontón Alto (Segovia)

A escasa distancia del Real Sitio de La Granja de San Ildefonso, la presa del Pontón Alto embalsa las limpias aguas del río Eresma, dando lugar a uno de los parajes más pintorescos de la vertiente segoviana de la sierra de Guadarrama. Como si de un espejo se tratase, los días sin viento la lámina de agua refleja la silueta de las cumbres más destacadas del Parque Nacional, como Peñalara, revestida en sus laderas de densos pinares y melojares.

71. ADAPTADA A VIVIR EN LAS CUMBRES MÁS ALTAS

Androsace vitaliana

Capaz de prosperar en las cumbres más elevadas, esta singular planta está totalmente adaptada a la vida en la alta montaña, con una forma compacta, almohadillada (o pulvinular) y unas estrechas hojas. Además de en Pirineos y la cordillera Cantábrica, es posible localizarla en **Sierra Nevada** [163], Montes de León, Sistema Central y Javalambre. Hay otras 14 especies del género en nuestra geografía, algunas de ellas endémicas de determinadas cordilleras.

72. A LA BÚSQUEDA DE LA BUSCARLA

Buscarla pintoja *(Locustella naevia)*

La buscarla pintoja es uno de los paseriformes más esquivos de nuestro territorio. Presente únicamente en las provincias costeras del Cantábrico, su discreta coloración y su comportamiento, moviéndose casi siempre en el interior de la vegetación, dificultan mucho su observación. Abril y mayo, con la ayuda de su «inesperado» canto (muy parecido al de un insecto), son los mejores meses para ir en su búsqueda.

73. EL PULMÓN VERDE QUE RODEA LA CAPITAL ALAVESA

Anillo Verde de Vitoria-Gasteiz

Un cómodo recorrido circular de 33 km de longitud, que circunda Vitoria-Gasteiz, permite conocer de una manera inmejorable el Anillo Verde de Vitoria-Gasteiz, la denominación que recibe el conjunto de parques y zonas forestales que rodean la capital alavesa. De visita imprescindible son los humedales de Salburua, **Olarizu** [20] y los bosques de Zabalgana y Armentia, en donde es posible localizar la singular **orquídea mosca** [84] o el mosquitero ibérico.

74. UNA DE LAS ORQUÍDEAS MÁS ESCASAS Y LOCALIZADAS

Ophrys aveyronensis

Descubierta y descrita en el Macizo Central francés, esta escasa orquídea ha sido localizada en contados puntos del norte peninsular a lo largo del presente siglo. Se conoce su presencia, a día de hoy, en el valle de Mena —**Las Merindades** [78] burgalesas— y en zonas muy concretas de La Rioja, Álava, Navarra y Vizcaya. Florece durante la segunda mitad de mayo, sobre suelos calizos, en tomillares, aulagares y quejigares abiertos.

75. ENTRE COLLADOS DE MONTAÑA Y BOSQUES UMBRÍOS

Pulsatila o flor del viento *(Pulsatilla alpina)*

Emparentada con otras plantas de atractivas flores, incluidas a su vez en la familia de las ranunculáceas, como las especies englobadas dentro de los géneros *Aconitum, Aquilegia, Delphinium,* **Hepatica** [285], *Trollius* o **Ranunculus** [40], la pulsatila o flor de viento es una de las muchas maravillas de nuestra naturaleza que bien merece toda nuestra admiración.

Restringe su presencia, a escala global, a algunas de las grandes cadenas montañosas del suroeste de Europa, siendo especialmente abundante en los Alpes. En la península ibérica se extiende por el tercio norte y por determinados enclaves del interior, diferenciándose varias subespecies o razas geográficas (*apiifolia, cantabrica, alba* y *font-queri*), conforme a ciertos rasgos morfológicos (como la coloración de las flores) y ecológicos.

Las pulsatilas florecen, habitualmente, entre mediados de mayo y comienzos de julio. Entre otros lugares, es posible hallar estas vistosas plantas en **Os Ancares** [3]; en el entorno del Alto de la Farrapona, en **Somiedo** [156]; en las zonas elevadas de **Fuente Dé** [281]; en **Las Merindades** [78]; en los collados y praderas más altas del **valle de Ordesa** [55]; cerca de l'Estany de Sant Maurici; o en los alrededores de Núria y Ulldeter, en el Parque Natural de las Capçaleres del Ter y del Freser. Una mención especial merece la nutrida población del **Pinar de Hoyocasero** [63], un paraíso botánico donde las pulsatilas (correspondientes a la subespecie *apiifolia)* llegan a tapizar el sotobosque.

Otras dos especies del género están presentes también en la geografía peninsular, *Pulsatilla vernalis* y *Pulsatilla rubra*, ambas restringidas en nuestro país a las montañas ibéricas de la mitad norte.

PRIMAVERA

76. UNA JOYA OCULTA EN EL HAYEDO >
Corallorhiza trifida

Localizar en flor a la escasísima *Corallorhiza trifida*, una de las orquídeas más raras de toda nuestra geografía, es sin duda motivo de celebración. En nuestro país apenas se conocen, hasta la fecha, un puñado de poblaciones, repartidas todas ellas por los Pirineos aragonés y catalán, así como por ciertas sierras prepirenaicas, si bien en alguna de estas contadas localidades la especie podría haber desaparecido estos últimos años. De hecho, es tan delicada su situación que se halla registrada en el *Atlas y Libro Rojo de la Flora Vascular Amenazada de España* dentro de la categoría «En Peligro Crítico» (CR). Se desarrolla en el interior de hayedos umbríos o hayedo-abetales, floreciendo discretamente entre la hojarasca a finales de mayo y comienzos de junio. Estos entornos forestales albergan asimismo otras orquídeas, como el **zapatito de dama** [65], con un atractivo casi exótico, **la orquídea nido de ave** [135], *Goodyera repens* o *Epipactis atrorubens*.

77. UNA DELICADA Y TÓXICA BELLEZA

Lirio de los valles *(Convallaria majalis)*

A lo largo de los meses de mayo y junio, en determinados bosques de nuestra geografía es posible admirar la floración del lirio de los valles o muguete, una planta herbácea de delicada y tóxica belleza. Extendida por buena parte de Eurasia y el sureste de Norteamérica, en la Península su presencia se restringe a determinados valles húmedos de los Pirineos, los Montes Vascos, **Las Merindades** [78], el Sistema Ibérico y enclaves aislados de la Serranía de Cuenca y del Sistema Central; no es difícil de observar, por ejemplo, durante la segunda quincena de mayo en el excepcional **Pinar de Hoyocasero** [63], localidad de enorme interés botánico, que marca su límite suroccidental de distribución en Europa. Esta especie está considerada como una planta de alta toxicidad, debido a que contiene diversos compuestos cardiotónicos, por lo que conviene no tocar sus hojas o sus flores, para evitar cualquier tipo de intoxicación.

78. DESCUBRIENDO LA AMPLIA COMARCA SITUADA ENTRE LA MESETA Y EL CANTÁBRICO

Las Merindades (Burgos)

Con una superficie más extensa que la de la vecina provincia de Vizcaya, en la amplia comarca burgalesa de Las Merindades, situada entre la Meseta y el Cantábrico, confluyen una infinidad de enclaves y espacios protegidos únicos, como los parques naturales de las Hoces del Alto Ebro y Rudrón y de los Montes Obarenes-San Zadornil. Una mención especial merece el Monumento Natural «Ojo Guareña», un impresionante complejo kárstico con una miríada de cuevas, así como el «Monte de Santiago», limítrofe con el **Alto Nervión** [198]. Los numerosos cortados calizos y los diferentes tipos de bosques (hayedos, quejigares, encinares y melojares) constituyen las principales señas de identidad de estas tierras de transición entre la región eurosiberiana y mediterránea.

79. EL SERPENTEANTE Y DESCONOCIDO AFLUENTE DEL RÍO ZÚJAR

Meandros del arroyo de Almorchón (Badajoz)

A su paso por el sureste de Badajoz, el río Zújar, el afluente del Guadiana con un mayor caudal, recibe las aguas del arroyo de Almorchón. En su último tramo, este casi desconocido curso de agua, que discurre íntegramente por **La Serena** [1], forma una serie de meandros de gran singularidad. Dado su carácter temporal (como sucede con casi todos los ríos y arroyos del ámbito mediterráneo, que pueden llegar a secarse por completo durante los meses más cálidos), conviene visitar este enclave a comienzos de la primavera. Estos meandros se pueden contemplar desde la estrecha carretera BA-035, la cual cruza el arroyo por un puente. No muy lejos se localiza el icónico **cerro Masatrigo** [32], de visita igualmente imprescindible.

80. EL ANGOSTO CAÑÓN LABRADO POR EL RÍO LEZA

Cañón del río Leza (La Rioja)

Dejando atrás los viñedos que salpican buena parte del amplio valle del Ebro, a su paso por tierras riojanas, la estrecha carretera LR-250 se dirige hacia el sur, adentrándose en la comarca de Los Cameros, a través del inesperado y angosto cañón labrado por el río Leza. Este afluente del Ebro ha esculpido, con el paso del tiempo, el que posiblemente sea el paisaje fluvial más espectacular de La Rioja.

Dada su valía ambiental, este cañón calcáreo está incluido en la Red Natura 2000 (ZEC y ZEPA «Peñas de Iregua, Leza y Jubera») y forma parte de la única Reserva de la Biosfera de la comunidad autónoma, denominada «Valles de Leza, Jubera, Cidacos y Alhama». De visita imprescindible resulta el tramo situado entre Leza de Río Leza y Soto en Cameros, en el que se emplaza el mirador del Torrejón, con unas vistas magníficas a estos escarpados paredones calizos. Desde Soto en Cameros, además de poder llegar a través de una ruta senderista a este mirador, es posible visitar un yacimiento paleontológico de relevancia internacional, conformado por tres afloramientos con icnitas o huellas de dinosaurios.

Este desfiladero es el hogar de numerosas rapaces, como el buitre leonado, el alimoche, el halcón peregrino y el **búho real** [288]. En los cortados rocosos es posible observar, a su vez, muchas más aves, como el roquero solitario, la chova piquirroja y el avión roquero, acompañadas por mosquiteros papialbos e ibéricos en los bosques cercanos. Además de quejigos, se entremezclan en estos paisajes de transición entre la depresión del Ebro y las altas cumbres riojanas, diversos árboles y arbustos, como el aladierno, el **arce de Montpellier** [190], la cornicabra y el boj. No muy lejos quedan otros parajes de innegable interés, como la **sierra de Cebollera** [269] y el **mirador de Viguera** [129].

PRIMAVERA

81. LA EFÍMERA BELLEZA DEL SALSIFÍ

Salsifí *(Tragopogon porrifolius)*

Incluidos en la extensa familia a la que pertenecen las margaritas o los dientes de león, los salsifíes se encuentran entre las plantas ruderales (las especies que pueden crecer en terrenos alterados, como cunetas o solares urbanos) de mayor belleza. Una belleza poco duradera, eso sí, pues sus flores, que solo se abren por la mañana, se marchitan a los pocos días... ¡prestemos la atención que se merecen a estas maravillas botánicas!

82. UN ESCASO Y SINGULAR GERANIO

Geranio de El Paular *(Erodium paularense)*

Se pueden contar con los dedos de una mano las poblaciones de esta especie exclusiva del interior peninsular, una de las plantas más amenazadas de nuestra geografía, estando incluida en la categoría de «En Peligro» en el *Atlas y Libro Rojo de la Flora Vascular Amenazada de España*. Fue descubierta hace unas pocas décadas en el Valle Alto del Lozoya (en un enclave próximo al Monasterio de Santa María de El Paular), conociéndose hoy su presencia en otras tres provincias (Guadalajara, Soria y Zaragoza).

83. AMAPOLAS DE (CASI) TODOS LOS COLORES

Amapola morada *(Roemeria hybrida)*

No todas las especies de amapolas son rojas, el color que caracteriza a las más conocidas. Hay también amapolas de **flores anaranjadas** [128], capaces de crecer en las cumbres más altas, así como amapolas de **flores amarillas** [136], propias del litoral. La amapola morada, poco frecuente, prospera en barbechos, eriales y zonas cultivadas, a lo largo de los meses de abril y mayo, casi siempre sobre suelos calizos o arcillosos.

84. LAS ORQUÍDEAS QUE INSPIRARON Y CAUTIVARON A DARWIN

Orquídea mosca *(Ophrys insectifera)*

Tras largos años de minucioso estudio dedicado a las orquídeas abejeras, incluidas en el género *Ophrys*, Charles Darwin llegó a afirmar, carteándose con John Lindley en 1861, que «las orquídeas me han interesado más que casi nada en mi vida». Su interés llegó hasta tal punto que publicó un libro dedicado enteramente a este grupo de plantas, titulado *Sobre las variadas estrategias por las cuales las orquídeas son fertilizadas por insectos*.

Una de las especies que más llamó la atención a Darwin, precisamente, fue la orquídea mosca, llegando a estudiar cientos de ejemplares diferentes. Al igual que otras orquídeas del género *Ophyrs*, la estrategia evolutiva que presentan estas plantas para ser polinizadas es de lo más sorprendente, desarrollando unas flores totalmente «irresistibles» para determinados himenópteros. Gracias al parecido visual e incluso táctil del labelo (uno de los pétalos, modificado), y a su aroma, muy similar al de las feromonas de las hembras de algunas abejas, los machos acuden a las flores de estas orquídeas, llevándose adherido después el polen a otra planta, concluida su infructuosa «cita amorosa».

La orquídea mosca está presente en nuestro país en el tercio norte peninsular, fundamentalmente, con poblaciones distribuidas desde **Somiedo** [156], por el oeste, al macizo del Montseny, por el este. Florece, casi todos los años, entre finales de mayo y mediados de junio. Prestando atención, ya que es una orquídea de discreto porte, no es difícil de localizar en diversos enclaves, como en los alrededores de Vitoria-Gasteiz —en los quejigares del **Anillo Verde** [73], por ejemplo— y en varias sierras prepirenaicas, desde Navarra a Barcelona (es frecuente, entre otros parajes, en la Serra de Catllaràs).

PRIMAVERA

85. UNA COLORACIÓN IDÓNEA PARA SOBREVIVIR
Terrera marismeña *(Alaudala rufescens)*

No son los aláudidos, la familia a la que pertenece la terrera marismeña junto con las alondras, cogujadas o calandrias, nuestras aves más vistosas. Pero es que su supervivencia depende de ello, al alimentarse y nidificar casi siempre a ras del suelo, en zonas abiertas y esteparias. Con paciencia, se puede disfrutar de este escaso paseriforme en los **saladares del Guadalentín** [311], en **Belchite** [265] o en la costa al norte del **cabo Cope** [23].

86. A RESGUARDO EN EL INTERIOR DE LAS CUEVAS
Murciélago grande de herradura
(Rhinolophus ferrumequinum)

Más de una treintena de especies de murciélagos se dan cita en nuestro país. A pesar de que algunos de ellos están ampliamente distribuidos, como es el caso del murciélago grande de herradura, no reciben por desgracia estos mamíferos una debida atención, a diferencia de lo que acontece con otros grupos de fauna. Este quiróptero de hábitos cavernícolas está presente en la Península y Baleares.

87. UNA DE NUESTRAS AVES MÁS VELOCES
Vencejo real *(Tachymarptis melba)*

Con una envergadura que sobrepasa el medio metro, de punta a punta de las alas, contemplar los acrobáticos y vertiginosos vuelos de los vencejos reales constituye uno de los espectáculos de nuestra naturaleza. Esta especie invernante al sur del Sáhara regresa a nuestro país a lo largo del mes de marzo, ocupando sus lugares de nidificación en cortados rocosos o grandes presas, como la de **Alange** [150], que alberga una cuantiosa colonia.

88. LUCIENDO UN VISTOSO PLUMAJE NUPCIAL DURANTE LA ÉPOCA DE CRÍA

Zampullín cuellinegro (*Podiceps nigricollis*)

A lo largo de los meses primaverales, los zampullines cuellinegros exhiben sus mejores galas, que en nada se parecen a su más sobrio y discreto atuendo invernal. Tanto los machos como las hembras, durante el periodo de cría, lucen detrás de sus llamativos ojos rojos unos característicos penachos de plumas amarillas, en marcado contraste con el cuello, el dorso y la cara, de color negro, y los flancos, de tonalidades rojizas y anaranjadas.

Al igual que otras especies de la familia (*Podicipedidae*), como el somormujo lavanco y el zampullín común, más habituales y extendidos en nuestra geografía, el zampullín cuellinegro es un hábil buceador, pasando gran parte del tiempo debajo del agua, en donde se alimenta sobre todo de invertebrados acuáticos. Nidifica, curiosamente, en compañía de otras aves acuáticas, como el fumarel cariblanco y la gaviota reidora, dando lugar a unas variopintas colonias mixtas de cría, en las que encuentran una mayor protección frente a posibles depredadores.

En España son tres los principales núcleos de cría, en los cuales se concentra la mayor parte de la población reproductora en nuestro país: las **marismas del Guadalquivir** [34], La Mancha Húmeda (en primavera su observación está casi garantizada en la laguna de El Taray, en las **Tablas de Daimiel** [294] y en las **lagunas de Alcázar de San Juan** [100], entre otros lugares) y **El Hondo** [352]; el número de parejas, conviene aclarar, en estos y en otros humedales en los que también está presente, varía mucho de un año a otro en función de las precipitaciones. Para ir en su búsqueda, unos prismáticos y un telescopio resultan casi imprescindibles, sobre todo para disfrutar con todo detalle de su colorido plumaje nupcial.

89. UN AMENAZADO ARBUSTO, EXCLUSIVO DE LA PENÍNSULA Y EL NORTE DE ÁFRICA

Pítano *(Vella pseudocytisus)*

El pítano es una de nuestras plantas más particulares. Con una distribución restringida a la geografía ibérica y al norte de África, en nuestro territorio se diferencian, repartidas por contadas localidades, dos subespecies distintas: una, en el centro y sur peninsular (fundamentalmente, entre Aranjuez y Ontígola, en los **yesares del valle del Tajo** [18] y en el extremo oriental de Granada) y otra, en la provincia de Teruel (cerca de Villel, en el espacio incluido en la Red Natura 2000 denominado «Altos de Marimezquita, Los Pinarejos y Muela de Cascante»). Este arbusto, que puede sobrepasar el metro de altura, exhibe sus flores amarillas entre mediados de marzo y mediados de abril. Se trata de una de las escasas crucíferas leñosas (una familia que agrupa un sinfín de especies herbáceas, algunas muy conocidas, como la colza, la coliflor o el repollo). Crece sobre yesos y margas yesíferas, en laderas y cerros.

90. DE PORTUGAL A FRANCIA, PASANDO POR PIRINEOS

Meleagria o campanilla *(Fritillaria pyrenaica)*

A pesar de lo que podría sugerir su epíteto o «apellido» científico, esta vistosa planta no es exclusiva de Pirineos; no es una denominación del todo equívoca —como sí sucede con el roble melojo (*Quercus pyrenaica*), por ejemplo— ya que fue descrita en esta cordillera. Hoy en día se conoce su presencia desde la Serra da Estrela, en el interior de Portugal, hasta el Macizo Central francés. Crece en pastizales de media y alta montaña, aunque puntualmente prospera a menor altitud, incluso en zonas costeras. Entre otros enclaves, en mayo y junio es fácil de observar en **El Portalet** [139], en diversas zonas de la cordillera Cantábrica en **Somiedo** [156] o en los Valles de Omaña) y en el **puerto de Peña Negra** [2]. Se clasifica dentro de la familia de las liliáceas, al igual que otros géneros con vistosas flores, como **Convallaria** [77], **Lilium** [93 y 115], **Scilla** [194], **Tulipa** [29] o **Urginea** [193].

91. UNO DE LOS RINCONES MÁS ESPECIALES DEL GORBEIA

Cascada de Gujuli (Araba)

A escasos kilómetros de distancia de la transitada Autopista AP-68 se esconde uno de los rincones más sorprendentes de la provincia alavesa: la cascada de Gujuli o Goiuri, un salto de agua de más de 100 m de altura, localizado en el extremo suroccidental del Parque Natural del Gorbeia. Aparcando junto a la carretera A-2521, el acceso resulta muy cómodo, a través de un corto y agradable paseo sin desnivel entre prados y bosques mixtos de robles, arces, fresnos y hayas, hasta llegar a un mirador elevado, con vistas privilegiadas a la cascada y los escarpes rocosos de los alrededores. Un consejo: la cascada resultará más espectacular al comienzo de la primavera, con un mayor caudal.

92. UN ENCUENTRO ENTRE DOS MUNDOS (BOTÁNICOS)

Foz de Arbayún (Navarra)

Entre la infinidad de cortados rocosos que se extienden por Navarra, los imponentes paredones calizos de la Foz de Arbayún o Arbaiun, Reserva Natural, ocupan un lugar destacado. La angosta y profunda garganta labrada con tesón por el río Salazar, durante millones de años, ha dado lugar a uno de los paisajes más espectaculares de nuestra geografía, con acantilados de casi 400 m de altura. Desde el mirador de Iso, entre las localidades de Lumbier y Navascués, es posible avistar buitres leonados, alimoches y algún **quebrantahuesos** [214], disfrutando del encuentro entre dos mundos botánicos: el mediterráneo y el eurosiberiano; aquí se entremezclan, entre otros árboles, hayas, tilos, arces, sauces, fresnos, cerezos, olmos, quejigos y encinas.

VERANO

93. UNA DE NUESTRAS FLORES DE MAYOR BELLEZA
Azucena de los Pirineos (*Lilium pyrenaicum*)

La primera vez que se logra observar alguna de las especies más icónicas, ya sea de nuestra fauna o de nuestra flora, es un momento realmente memorable, archivándose casi al instante en el cajón de recuerdos más preciados. Así sucede con la azucena de los Pirineos, como bien saben quienes ya se han topado con este emblema florístico del tercio norte peninsular, de arrebatadora belleza en el apogeo de su floración.

Es durante la segunda mitad de junio, así como a lo largo de casi todo el mes de julio, habitualmente, cuando esta planta, cuyos tallos pueden sobrepasar con facilidad un metro de altura, exhibe sus exuberantes flores péndulas en racimos. Allí donde prosperan, captan todas las miradas sus brillantes tépalos amarillos, moteados de finas manchas negras y cuidadosamente recurvados, así como sus coloridas anteras, recubiertas por completo de polen de intensas tonalidades rojizas o anaranjadas.

Conocida también como flor de lis o lirio, la azucena de los Pirineos se extiende casi exclusivamente por nuestro país, contando a su vez con algunas poblaciones en el sur de Francia. En la Península no solo está presente en los Pirineos —como podría interpretarse a partir de su nombre científico y su nombre vulgar—, sino que alcanza buena parte de la cornisa cantábrica, llegando hasta la costa occidental asturiana. Entre otras localidades, es frecuente en diversas zonas montañosas del territorio catalán (abunda en la ruta que asciende desde Queralbs a Núria y en **Aigüestortes** i **Estany de Sant Maurici** [137], por ejemplo), en el Pirineo oscense (en el **valle de Ordesa** [55] y en Pineta), en el Gorbeia, en Picos de Europa o en la modesta sierra del Naranco, muy próxima a Oviedo. En muchos de estos parajes puede coincidir con su congénere la **azucena silvestre** [115]. Ambas son especies catalogadas y protegidas.

94. UN AVE, POR DESGRACIA, CADA VEZ MÁS ESCASA

Carraca europea (*Coracias garrulus*)

Incluida en la categoría de «En Peligro» en el *Libro Rojo de las Aves de España*, la carraca europea desgraciadamente es una de las especies de aves que ha sufrido un mayor declive en nuestra geografía, estimándose una disminución de en torno al 80 % de su población en España, en poco más de 15 años; ha desaparecido, de hecho, de diversas comarcas en las que no hace tanto era frecuente. Son varias las amenazas a las que se enfrenta esta llamativa ave, como el abuso de pesticidas en los cultivos y la desmedida intensificación agraria. Se puede localizar en enclaves privilegiados de la mitad sur de Lleida, en el interior de Murcia, en **La Serena** [1], en los Llanos de Cáceres o en la campiña sevillana, entre otros lugares.

95. UN EXÓTICO ATUENDO, MÁS PROPIO DE ZONAS TROPICALES

Abejaruco europeo (*Merops apiaster*)

Entre todas nuestras aves, nadie discutirá que el abejaruco es una de las más vistosas y llamativas, con una coloración casi más propia de la avifauna de latitudes tropicales. Fácil de localizar gracias a su reclamo, que emite tanto en vuelo como posada, esta especie se distribuye por buena parte de la Península y Baleares, estando prácticamente ausente en Galicia, en las regiones bañadas por el Cantábrico y en Pirineos. Nidifica en taludes arenosos, cerca de ríos o en bordes de caminos, en los que excava una profunda galería. Como su nombre indica, es un consumado y hábil cazador de insectos, como abejas, abejorros o libélulas, entre otras especies. Está presente entre los meses de marzo y septiembre.

96. UNA PLANTA CARNÍVORA DE LO MÁS SINGULAR

Drosophyllum lusitanicum

Entre el reducido elenco de plantas carnívoras que prospera en nuestra geografía, *Drosophyllum lusitanicum* es muy probablemente la más peculiar de todas ellas. A diferencia de otras especies, como la **atrapamoscas** [131], propia de turberas encharcadas, esta planta carnívora es capaz de desarrollarse sobre suelos muy secos, captando la humedad del ambiente. Se alimenta sobre todo de pequeños insectos, los cuales se quedan atrapados en las gotas de mucílago (parecidas a pequeñas gotas de rocío) que recubren sus estrechas hojas. A escala global está presente, únicamente, en el cuadrante suroccidental de la Península y en el noroeste de Marruecos. Un lugar apropiado para intentar dar con ella es el Parque Natural de **Los Alcornocales** [118].

97. UNA DE NUESTRAS JOYAS BOTÁNICAS, ENDÉMICA DEL OESTE PENINSULAR

Rhaponticum exaltatum

Si bien en la familia de las compuestas o asteráceas (que, con más de 30.000 especies, constituye el grupo de angiospermas más numeroso a escala global) se incluyen algunas de las especies vegetales más abundantes, como son las margaritas, los dientes de león o diversos cardos, también se engloban algunas de nuestras plantas más amenazadas. Este sería el caso, además del «resucitado» *Carduncellus matritensis* [59] o de *Cynara tournefortii* [134], de *Rhaponticum exaltatum*, un endemismo del oeste peninsular, del que apenas se conocen unas pocas poblaciones, destacando por su importancia la del **Pinar de Hoyocasero** [63]. Esta especie que llega a sobrepasar, con creces, el metro de altura, florece entre los meses de junio y julio.

98. LA FORTALEZA CUSTODIADA POR MILES DE ESTRELLAS

Castillo de Riba de Santiuste (Guadalajara)

Quizás ya no les prestemos la atención que merecen, pero ahí están. Miles y miles de estrellas. Las mismas que contemplaban nuestros antepasados, hace no tanto. Solo se requiere alejarse de las grandes ciudades, «huir» de la creciente contaminación lumínica de nuestras urbes, para disfrutar del espectáculo que nos regala la bóveda celeste, en la oscuridad de la noche.

El tercio oriental de la provincia de Guadalajara, cerca de la linde con los altos páramos sorianos y aragoneses, ofrece unas condiciones idóneas para la observación y fotografía del firmamento nocturno. Desde los alrededores de la localidad de Riba de Santiuste, por ejemplo, a los pies de la antigua fortificación erigida hace varios siglos por los ejércitos musulmanes, es posible admirar una de las mejores panorámicas de la Vía Láctea. Y con el incentivo, propio de los entornos rurales, en los que la vida va a otro ritmo, de que el ruido de los coches se verá sustituido en las noches primaverales por el ulular de los cárabos, la llamada del autillo, el croar de los **sapos corredores** [31] y algún que otro ladrido de los abundantes corzos que encuentran refugio en los quejigares cercanos.

Sin irnos muy lejos, encontraremos un amplio abanico de opciones para seguir disfrutando de la astronomía en otros muchos parajes de la provincia, como el castillo de Zafra, en la vecina comarca del Señorío de Molina, o el Parque Natural del **Alto Tajo** [261], que atesora rincones tan atractivos como el Barranco de la Hoz del río Gallo. Importante: es fundamental planificar bien cada salida nocturna, que no falte ropa de abrigo, tener siempre la debida precaución y elegir, preferiblemente, una noche despejada y en fase de luna nueva.

99. CAMINANDO ENTRE VALLES Y BOSQUES, HACIA LAGOS DE AGUAS TURQUESAS

Ibones de Batisielles (Huesca)

Menos visitado y transitado que otros rincones del Parque Natural de Posets-Maladeta, el valle de Estós esconde, quizás con cierto recelo, parajes mágicos de especial encanto, como son los Ibones de Batisielles, un reguero de lagos de montaña rodeados de afiladas cumbres y pinares de **pino negro** [350]. Se puede acceder a este idílico enclave del Pirineo oscense desde el aparcamiento de Estós, desde donde se inicia una ruta que en unos 6 km conduce al primero de los lagos, el Ibonet de Batisielles, tras salvar un desnivel de unos 600 m. En verano abundan las mariposas, siendo posible localizar alguna **apolo** [121], y son frecuentes plantas de gran interés, como los acónitos, las prímulas o varias especies de orquídeas.

100. UN PARAÍSO PARA LAS AVES ACUÁTICAS

Complejo lagunar de Alcázar de San Juan (Ciudad Real)

Al noroeste de Alcázar de San Juan, en el centro de la región castellanomanchega, se ubica una Reserva Natural conformada por un conjunto de tres lagunas (La Veguilla, Camino de Villafranca y Las Yeguas), de enorme interés ornitológico. Una red de senderos y observatorios permite visitar este complejo lagunar, en donde se han llegado a registrar… ¡más de 230 especies de aves! Por su abundancia y singularidad, destacan los **flamencos** [314], una destacada variedad de anátidas o patos, como la **malvasía cabeciblanca** [38] y otras muchas aves ligadas a los ecosistemas acuáticos, como el **zampullín cuellinegro** [88], el fumarel cariblanco o el **bigotudo** [205]. Unos prismáticos o un telescopio resultarán de gran ayuda.

101. EL INOFENSIVO ESCARABAJO QUE IMITA A LAS AVISPAS

Escarabajo avispa (*Plagionotus andreui*)

Exclusivo de la mitad sur peninsular, este cerambícido se encuentra íntimamente ligado a una planta, el malvavisco (*Lavatera triloba*), en la cual pasa buena parte de su vida, desde su etapa larvaria. Presente de manera puntual y localizada en diversas regiones (Madrid, Castilla-La Mancha, Murcia, Andalucía, Comunidad Valenciana y Extremadura), gracias a su llamativo diseño y a su coloración, similar a la de una avispa, disuade a sus depredadores.

102. RESTRINGIDO A LOS PIRINEOS ORIENTALES

Escarabajo dorado (*Carabus rutilans*)

Este singular coleóptero de intensos tonos rojizos y verdosos, con reflejos dorados metalizados, es uno de los insectos de mayor interés de nuestra geografía. Su distribución se restringe al Pirineo oriental, por lo que únicamente se puede localizar en el noreste de España, en Andorra y en el sur de Francia. Al igual que otros carábidos, es un hábil cazador, alimentándose de otros insectos y de babosas que captura sobre todo durante la noche.

103. EN BUSCA DEL COLEÓPTERO MÁS GRANDE DE EUROPA

Ciervo volante (*Lucanus cervus*)

Superando, excepcionalmente, los 9 cm de longitud, los ciervos volantes son los escarabajos de mayor tamaño de todo el continente europeo. Asociados a bosques caducifolios (como robledales y castañares) de la mitad norte peninsular, julio es el mes idóneo para ir en su búsqueda. Se muestran mucho más activos al atardecer, momento en el que con suerte será posible presenciar algún combate entre dos machos, entrelazando sus colosales mandíbulas.

104. LAS APARIENCIAS, A VECES, ENGAÑAN

Platanthera chlorantha

Aunque a simple vista, al menos para el ojo humano, las flores de las orquídeas del género *Platanthera* quizás no resulten especialmente llamativas, para determinados insectos tienen un encanto irresistible; y es que, a veces, las apariencias engañan. Estas orquídeas se han especializado a lo largo de la evolución en atraer a algunas mariposas de hábitos crepusculares o nocturnos; por ello, sus flores son de coloración blanca y amarillenta, unas tonalidades más visibles cuando escasea la luz. Emiten, además, un intenso olor y poseen un largo espolón en el que se almacena el néctar, al alcance únicamente de la espiritrompa de determinadas mariposas, encargadas de polinizar estas orquídeas al transportar el polen adherido de una flor a otra. Se distribuye, en nuestro país, por el noreste de la Península.

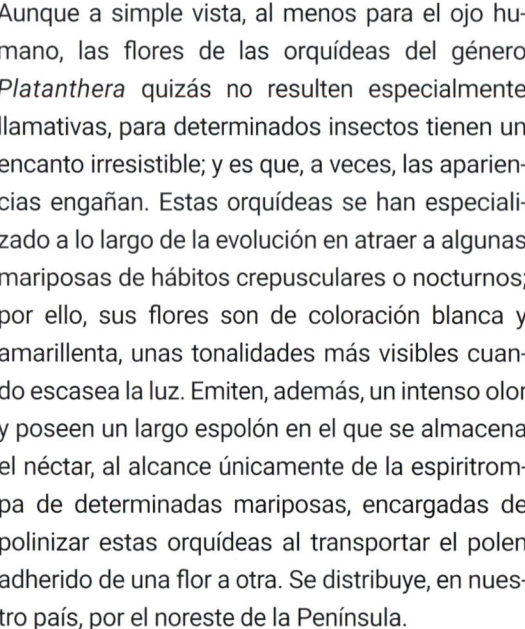

105. UNO DE NUESTROS INSECTOS MÁS FASCINANTES

Duende o nemóptera (*Nemoptera bipennis*)

Este inconfundible neuróptero resulta realmente fascinante, tanto por su grácil aspecto como por su peculiar ciclo de vida, desconocido hasta hace unos pocos años. Los adultos o imagos vuelan a finales de la primavera y comienzos del verano, alimentándose del polen de diversas flores, antes de reproducirse. Depositan después las hembras los huevos, de dimensiones microscópicas, los cuales son transportados por error por determinadas hormigas a su hormiguero, debido al parecido que tienen con algunas semillas; una equivocación fatal para las hormigas, ya que al eclosionar las larvas de las nemópteras, dotadas con dos «temibles» mandíbulas, estas se alimentarán de las larvas de las hormigas. Está presente en buena parte de la mitad meridional peninsular.

106. UN VALIOSO URODELO, EXCLUSIVO DEL NOROESTE PENINSULAR

Salamandra rabilarga (*Chioglossa lusitanica*)

Entre la decena de especies de urodelos presentes en nuestro país sobresale, y de qué manera, la salamandra rabilarga. Exclusivo o endémico del extremo noroeste de la Península, este singular anfibio resulta relativamente abundante en diversos enclaves de nuestra geografía, sobre todo en las provincias costeras de Galicia y en la mitad occidental de Asturias, en zonas de clima templado y lluvioso, evitando las comarcas de montaña.

Se trata de la única especie representante de su género, mostrando un aspecto muy diferente al de otros urodelos, como la **salamandra común** [244], el gallipato o los **tritones** (como [182] y [191]). Uno de los rasgos más característicos de su morfología es su larga cola, la cual puede representar alrededor de las dos terceras partes de la longitud total del cuerpo.

A pesar de que localmente puede resultar frecuente en determinados parajes, no es una especie fácil de observar, dadas sus costumbres nocturnas y su coloración críptica, gracias a la cual pasa fácilmente desapercibida entre la hojarasca del suelo o en la orilla de los arroyos. Muestra una cierta preferencia por zonas y paredes rocosas muy húmedas, con abundante musgo, habitualmente cercanas a ríos, fuentes o manantiales. En las **Fragas do Eume** [167] y en las **Ribeiras do Sor** [181], por ejemplo, es factible intentar localizar a esta joya de nuestra entomofauna, coincidiendo en estos parajes con otras especies de fauna de gran interés, como el **tritón ibérico** [182] o el **caracol de Quimper** [189].

107. PLAYAS PARADISÍACAS EN EL LITORAL CORUÑÉS

Ensenada de Merexo (A Coruña)

Con casi un millar de kilómetros, el litoral coruñés supera en extensión al de cualquier otra provincia; tiene, de hecho, una mayor longitud costera que toda Andalucía o que Cataluña. Entre sus innumerables rincones idílicos, la más meridional de las Rías Altas, la ría de Camariñas, atesora en su interior un conjunto de playas de limpias aguas y de gran valor paisajístico, como las *praias* de Borreiros, Vilaverde, Area Maior y Merexo.

108. 50 MILLAS, OCÉANO ADENTRO

Paíño pechialbo (*Pelagodroma marina*)

El remoto archipiélago Chinijo, en Canarias, alberga la única población conocida en España de paíño pechialbo, un ave marina que cuenta con apenas unas pocas decenas de parejas nidificantes en estas islas. De hábitos pelágicos, hay que poner rumbo a alta mar para ir en su búsqueda, dirigiéndose especialmente al Banco de la Concepción, una montaña submarina a 50 millas de Lanzarote, de aguas muy productivas gracias al afloramiento de nutrientes.

109. UNA NOTA DE COLOR EN LAS COSTAS CANARIAS

Cangrejo moro (*Grapsus adscensionis*)

Aunque están activos durante todo el año, los meses estivales resultan idóneos para disfrutar de este colorido crustáceo en el litoral canario. No resulta difícil de observar en la zona intermareal de las costas rocosas, en cualquiera de las ocho islas afortunadas, desde **La Graciosa** [206] hasta El Hierro. Aparece, asimismo, en otros enclaves del Atlántico oriental, por ejemplo en los archipiélagos de Azores, Madeira y Cabo Verde.

110. HABITANTES EXTRAORDINARIOS DE LAS ZONAS INTERMAREALES

Anémona de mar (*Anemonia viridis*)

Relacionada con las medusas o los corales, la anémona de mar es una de las especies animales más fascinantes de las zonas intermareales de nuestras costas. Se distribuye por casi toda la Península, tanto por la franja cantábrica y atlántica como por el litoral mediterráneo, estando presente asimismo en todas las islas de los archipiélagos balear y canario.

Su coloración varía de unos individuos a otros, exhibiendo algunos ejemplares una contrastada gama de intensos tonos verdes, rosas y violetas en sus largos tentáculos, mientras que otras anémonas muestran un aspecto grisáceo más apagado. La diferencia de tonalidades está vinculada con la profundidad a la que viven las anémonas, siendo más llamativos los individuos que habitan en aguas poco profundas, cerca de la orilla, debido a la presencia de unas algas simbiontes en el interior de los tentáculos, a través de los cuales pueden segregar sustancias urticantes (como estrategia defensiva y para capturar las presas de las que se alimentan).

Prestando atención a las charcas que se quedan en algunos tramos costeros al bajar la marea, así como en las orillas rocosas del mar, no es difícil localizar a este fotogénico cnidario de exóticos colores en muchos enclaves de nuestra geografía, como el **Cap de Creus** [203] y otros lugares de la Costa Brava, en diversas playas asturianas (como las del Silencio y de la Griega), en la **Costa Quebrada** [178] o en los alrededores de O Grove.

VERANO

111. UNA RUTA IMPRESCINDIBLE, Y APENAS TRANSITADA, ENTRE ORDESA Y AÑISCLO

Faja de la Pardina (Huesca)

Uno de los itinerarios más espectaculares del Parque Nacional de Ordesa y Monte Perdido es el que discurre por la faja de la Pardina. La ruta se puede iniciar en Nerín, ya sea andando o ascendiendo en transporte autorizado a los miradores de Ordesa, desde donde se contempla una sublime e indescriptible panorámica. Si optamos por esta segunda opción, el itinerario a seguir pasa por Cuello Gordo, descendiendo hacia el sureste, en busca de la entrada al barranco de la Pardina, el cual se recorre por su vertiente septentrional, a través de un sendero (no apto para gente con vértigo) que se dirige hacia el impresionante cañón de Añisclo. La vuelta a Nerín se realiza desde Cuello Arenas.

112. CORONANDO LA CIMA MÁS ALTA DEL PIRINEO GERUNDENSE

Puigpedrós (Girona)

En el extremo occidental del Pirineo gerundense se alza la cumbre más elevada de la provincia, el Puigpedrós (2.914 m), marcando la frontera con Francia. Además de poder admirar unas vistas únicas de buena parte de la cordillera pirenaica y de otras sierras cercanas, como las del Cadí y el Moixeró, el ascenso a la cima (el refugio Malniu es un muy buen punto de inicio) brinda la posibilidad de disfrutar de un variado elenco de paisajes y especies de fauna de enorme interés, incluyendo **lagópodo alpino** [146], **quebrantahuesos** [214], **marmotas** [140] y rebecos, además de una infinidad de flores de alta montaña, en pleno apogeo durante los meses de junio y julio.

113. EL SÍMBOLO DE LAS ALTAS MONTAÑAS EUROPEAS

Edelweiss o flor de nieve (*Leontopodium alpinum*)

Además de en los Alpes, donde esta flor es un verdadero emblema, esta especie de alta montaña se extiende por otras cordilleras del sur y el este de Europa. En nuestro país se localiza, fundamentalmente, en el Pirineo central, siempre en zonas rocosas calizas, entre los 1.500 m y los 3.000 m de altitud. No es difícil de hallar en las partes más elevadas del **valle de Ordesa** [55], por ejemplo, a lo largo de los meses de julio y agosto.

114. UN ASOMBROSO Y DISCRETO FÓSIL VIVIENTE

Borderea pirenaica (*Borderea pyrenaica*)

Prácticamente exclusiva del Pirineo oscense, *Borderea pyrenaica* es una auténtica joya vegetal. Se considera un «fósil viviente», una especie relíctica del Terciario, época en la que el clima era muy distinto al actual. Este taxón, de hecho, es uno de los escasos representantes europeos de las dioscoreáceas, una familia botánica bien extendida por latitudes tropicales. Se desarrolla en roquedos, gleras y grietas calizas, desde Bujaruelo hasta la sierra de Chía.

115. UN TESORO FLORÍSTICO PROTEGIDO, DE INNEGABLE ATRACTIVO

Azucena silvestre (*Lilium martagon*)

Con una distribución más amplia a escala global que su congénere la **azucena de los Pirineos** [93], el martagón o la azucena silvestre se extiende por buena parte del tercio norte peninsular, alcanzando por el sur diversas zonas del Sistema Central, como las sierras de Guadarrama, Gredos (florece en el **Pinar de Hoyocasero** [63], por ejemplo) y las Batuecas. A pesar de su casi exótica apariencia, se trata de una especie autóctona y protegida.

116. LA ESCASÍSIMA ORQUÍDEA DE DISCRETA E IMPREDECIBLE FLORACIÓN

Orquídea fantasma (*Epipogium aphyllum*)

La orquídea fantasma no podría recibir un nombre vernáculo más adecuado: prácticamente invisible a cierta distancia, incluso en el momento culminante de su floración, esta escasísima orquídea es capaz de aparecer en un determinado enclave y «desaparecer» después durante varios largos años, siendo una de las plantas que más intriga ha despertado en Europa.

No fue hasta la década de los ochenta del pasado siglo cuando se descubrió en nuestro país, localizándose primero en el extremo noroccidental de Huesca (en Zuriza, en concreto) y, algo más tarde, en **sierra de Cebollera** [269]. Las contadas poblaciones que se conocen a día de hoy se esparcen, de manera muy localizada, por un rosario de bosques umbríos de los Pirineos y otras cordilleras cercanas (entre el valle de Belagua y el Montseny), así como por el Sistema Ibérico riojano (con citas en tres núcleos distintos).

Si las precipitaciones no han escaseado durante los meses anteriores, propiciando unas condiciones de humedad favorables en el suelo, a lo largo de los meses de julio y agosto esta orquídea emerge de manera muy discreta entre la hojarasca, cada año en un sitio diferente. Durante escasos días exhibe sus particulares flores al final de su corto y frágil tallo, carente de hojas. En nuestro país se ha localizado en hayedos, **bosques mixtos** [223] y pinares. Dada su precaria situación, está catalogada como «En Peligro Crítico» en el *Atlas y Libro Rojo de la Flora Vascular Amenazada de España*. Ojalá, con suerte y prestando la debida atención a nuestra flora, a lo largo de los próximos años se pueda descubrir alguna nueva población de esta joya botánica.

117. UNO ENTRE ONCE MIL
Rosalia alpina (*Rosalia alpina*)

Ante la supuesta e inevitablemente injusta tesitura de tener que elegir una sola especie de escarabajo entre el extensísimo listado conformado por las más de once mil especies de coleópteros presentes en nuestro país, según los últimos estudios, muchas serían las personas que se decantarían por la rosalia alpina. Lo cierto es que su extraordinario diseño, nadie lo negará, es capaz de eclipsar al de casi cualquier otro insecto de nuestra fauna.

No es fácil, hay que advertirlo, cruzarse con este peculiar cerambícido, aunque quizás pueda parecer lo contrario. A pesar de sus dimensiones (su cuerpo mide unos 4 cm, sin contar sus largas antenas), la rosalia es capaz de mimetizarse sobre la corteza de los troncos de las hayas en las que vive de una manera más que sorprendente.

Más fascinante resulta, si cabe, su ciclo de vida, tardando las larvas en desarrollarse por completo alrededor de tres años. Los adultos, activos solamente unos pocos días al año, aparecen de manera habitual entre mediados de julio y mediados de agosto. Muestran una mayor actividad a partir del mediodía, siempre y cuando el tiempo sea soleado, moviéndose discretamente por los troncos de las hayas viejas o muertas (ya sigan en pie o se haya caído el árbol). Habita, por ello, en hayedos maduros y bien conservados, estando presente en nuestro país casi exclusivamente en el tercio norte, sobre todo en Pirineos; un paseo en las fechas adecuadas por enclaves como el **valle de Ordesa** [55] o la **Selva de Irati** [346], con suerte, podría brindarnos un encuentro con esta maravilla de nuestra naturaleza, protegida a escala europea y nacional.

118. UN VIAJE EN EL TIEMPO A LOS BOSQUES DE LA ERA TERCIARIA
Los Alcornocales (Cádiz / Málaga)

A lo largo de las diferentes glaciaciones que tuvieron lugar durante el Cuaternario, los exuberantes bosques similares a la **laurisilva canaria** [266] que ocuparon, hace milenios, parte de la Península, fueron desapareciendo y retirándose hacia el sur, en busca de un clima más benigno. Estos ecosistemas originados en el Terciario han perdurado hasta nuestros días en contados puntos de nuestro territorio, envueltos entre permanentes nieblas, alcanzando su mejor representación en Los Alcornocales. Adentrarse, por ello, en este extenso e insigne espacio protegido del sur de Andalucía supone viajar en el tiempo, trasladándonos a épocas pretéritas. Existen numerosos senderos señalizados para recorrer los canutos y cumbres del Parque Natural, como los que discurren por las sierras del Bujeo y del Aljibe.

119. LA RECUPERACIÓN DEL EMBLEMA DE LA FAUNA CANTÁBRICA
Oso pardo (*Ursus arctos*)

Cuando a mediados de los años noventa del siglo pasado el número de osas con crías, en los censos realizados en toda la cordillera Cantábrica, se contaba con los dedos de una mano, era difícil augurar un futuro esperanzador para este emblemático mamífero. Por fortuna, estas últimas décadas la especie ha ido experimentando una lenta pero continua recuperación, llegando a contabilizarse en la actualidad unos 400 ejemplares en la Cordillera. El occidente de Asturias y el noroeste de León albergan el principal bastión peninsular de este plantígrado, reintroducido a su vez hace unos años en Pirineos. Con ayuda de un telescopio, agosto y septiembre son meses idóneos para intentar observar algún oso en lugares como **Somiedo** [156] o el valle alto del río Narcea.

120. UNA ESPECTACULAR MARIPOSA, MUY LIGADA A LOS MADROÑOS

Mariposa del madroño o cuatro colas (*Charaxes jasius*)

La mariposa del madroño o cuatro colas (nombre derivado de los apéndices que sobresalen de sus alas posteriores) es, con razón, uno de los lepidópteros europeos que despierta una mayor admiración. Se trata del único representante del género *Charaxes* en nuestro continente, un género que cuenta con alrededor de 200 especies, casi todas ellas distribuidas por las regiones tropicales de África. En nuestra geografía se extiende por la mayor parte de las comarcas del litoral mediterráneo y atlántico, así como por el archipiélago balear y por diversos enclaves del interior peninsular, siempre en zonas cálidas. Su presencia está muy ligada al **madroño** [256], al alimentarse sus orugas exclusivamente de las hojas de este árbol. Se puede ver desde la primavera hasta el otoño, en infinidad de lugares, como en las sierras de Collserola, **Espuña** [14], Bermeja y **Cazorla** [169], en los alrededores del castillo de **Monfragüe** [287] e incluso en parques urbanos.

121. UN INCONFUNDIBLE E ICÓNICO HABITANTE DE NUESTRAS MONTAÑAS

Apolo (*Parnassius apollo*)

Con una envergadura que sobrepasa los 8 cm y un contrastado diseño, en el que destacan dos grandes ocelos rojos en las alas posteriores, la apolo es una de nuestras mariposas que menos dificultades ofrece para ser identificada. Vive, de manera exclusiva, en zonas de alta montaña desde el ámbito ibérico hasta Asia central, en las que quedó recluida al retirarse los hielos después de las últimas glaciaciones, hace unos 10.000 años. En nuestro país, en concreto, se reparte por las principales cordilleras del tercio norte de la Península y está presente a su vez en los sistemas Central e Ibérico, así como en **Sierra Nevada** [163], llegando a superar la cota de los tres mil metros de altitud. Por desgracia, se ha constatado el declive de este papiliónido durante los últimos tiempos debido a la incidencia de varios factores, como el cambio climático, la masificación turística o la transformación de su hábitat.

122. UNA DE LAS JOYAS DE NUESTRA HERPETOFAUNA

Lagartija de Valverde (*Algyroides marchi*)

Esta pequeña lagartija, de coloración parda, es una de las joyas de nuestra herpetofauna. Endémica de nuestro país, su distribución se restringe a las sierras surorientales de la Península, repartidas entre el noreste de Jaén y el sur de Albacete. Vive en barrancos, laderas y zonas rocosas, a menudo cerca de cursos de agua, como ocurre en las **Sierras de Cazorla, Segura y Las Villas** [169] o en el **nacimiento del río Mundo** [324].

123. UN DESCONOCIDO Y ASOMBROSO ORDEN DE INSECTOS

Mosca escorpión (*Panorpa communis*)

Es posible que no mucha gente haya oído hablar de los mecópteros, un singular orden o grupo de insectos, con solo cinco representantes en la geografía ibérica, cuatro de ellos incluidos en el género *Panorpa*, conocidos como «moscas escorpión» (¡pero son totalmente inofensivos!). En España están presentes, sobre todo, en el tercio norte peninsular, en zonas de abundante vegetación; vuelan los meses de primavera y verano.

124. ASOCIADA A LOS RÍOS Y ARROYOS

Candil de pinzas (*Onychogomphus uncatus*)

Este vistoso odonato (el orden de insectos en el que se incluyen las libélulas y los caballitos del diablo) reside en el entorno de ríos y arroyos medianos, desde la costa a zonas serranas. La Península alberga su principal población a escala global, extendiéndose también por Francia y el norte de África. A diferencia de otras libélulas, mucho más activas, esta especie suele permanecer posada sobre las piedras que sobresalen de los ríos.

125. UN ENIGMÁTICO Y COLOSAL SALTAMONTES

Saga pedo

Pocas especies hay, en nuestra entomofauna, tan enigmáticas y misteriosas como *Saga pedo*. Este gigantesco ortóptero, que llega a medir alrededor de 12 cm, presenta una serie de peculiaridades, entre las que llama la atención la ausencia de machos en la especie; es decir, solo existen (o solo se conocen) hembras. Este saltamontes, por tanto, se reproduce por partenogénesis, una forma de reproducción basada en el desarrollo de las células sexuales femeninas (óvulos) sin que se produzca la fecundación. Hay ejemplares de coloración verdosa y otros de tonalidades marrones u ocres, destacando en todos los individuos el largo oviscapto u ovopositor, un órgano especializado para realizar la puesta de los huevos.

Es un hábil cazador de insectos, alimentándose sobre todo de otros ortópteros, aunque es capaz de capturar mantis religiosas y otros invertebrados. Muestra una mayor actividad al atardecer, capturando a sus presas al acecho, permaneciendo para ello inmóvil entre la vegetación, donde es capaz de mimetizarse a la perfección. Se puede observar en los meses de verano, entre julio y septiembre, aunque hay algunas citas fuera de la época estival.

La distribución de este desconocido saltamontes de costumbres crepusculares resulta asimismo sorprendente. A escala global se extiende por casi toda la región euroasiática, llegando hasta China en su extremo oriental. En la Península se conoce su presencia en contadas localidades, repartidas de manera casi aleatoria por la geografía ibérica, desde el nivel del mar, como sucede en el Alt Empordá, hasta zonas de media montaña del interior peninsular; en determinados lugares, por ejemplo en el piedemonte madrileño de la sierra de Guadarrama o en ciertas áreas del sur de Albacete, se han ido descubriendo nuevas poblaciones durante estos últimos años.

VERANO

126. EN BUSCA DE UNO DE LOS TESOROS FLORÍSTICOS DE GREDOS

Boca de dragón de Gredos
(*Antirrhinum grosii*)

El género *Antirrhinum* comprende en torno a 25 especies, presentes casi todas ellas en la Península; de hecho, un buen número de estas especies son exclusivas de determinadas zonas de la geografía ibérica. Este es el caso de la boca de dragón o dragoncillo de Gredos, una joya florística exclusiva de las sierras de Gredos, Béjar y Tormantos. Florece a lo largo de julio, en roquedos graníticos situados entre los 1.800 y los 2.200 m. Entre otros enclaves, no es difícil de localizar en la ruta que asciende a la Laguna Grande de Gredos desde la Plataforma, junto con otros endemismos de estas sierras, como *Dianthus gredensis*, *Centaurea avilae*, *Armeria bigerrensis*, *Echinospartum barnadesii*, *Pseudomisopates rivas-martinezii* y *Sedum lagascae*.

127. LA ESPECTACULAR PLANTA QUE MUERE DESPUÉS DE FLORECER >

Corona de rey (*Saxifraga longifolia*)

Florecer, y de qué manera, es lo último que hace en su vida la corona de rey, una planta realmente fascinante. Durante su lento y longevo ciclo vital (¡superando, en ocasiones, las tres décadas!), esta singular especie va desarrollando sus hojas, dispuestas en una densa e inconfundible roseta basal. De esta roseta emergerá, en el momento apropiado, su espectacular inflorescencia, que puede sobrepasar los 60 cm de longitud y albergar centenares de flores blancas; tras la polinización y fecundación, liberará miles de diminutas semillas. En Pirineos es relativamente frecuente en grietas y roquedos calizos, extendiéndose a su vez, de manera muy localizada, por otras sierras calcáreas del este peninsular y el Atlas marroquí.

128. ¿QUÉ HACE UNA PLANTA COMO TÚ, EN UNAS MONTAÑAS COMO ESTAS?

Amapola de Sierra Nevada (*Papaver lapeyrousianum*)

En un selecto compendio de elevadas cumbres, en las que el manto níveo perdura más de ocho meses al año, repartidas entre los Pirineos y **Sierra Nevada** [163], sobrevive uno de los tesoros botánicos más amenazados y singulares de la geografía ibérica, de frágiles y anaranjadas flores.

A diferencia de otras plantas, bien «equipadas» con diversas adaptaciones a la vida en la alta montaña, como sucede con las especies incluidas en el género *Androsace* [71], sorprende ver a una delicada amapola florecer por encima de los 3.000 m de altitud. Exhibe, además, la amapola de Sierra Nevada, unas grandes y vistosas flores a finales de julio y comienzos de agosto, sin escatimar recursos con la finalidad de llamar la atención de los insectos polinizadores; su supervivencia depende de ello. El origen de este singular taxón, acantonado hoy en día en contadas elevaciones, parece remontarse al último periodo glacial, al igual que el de otras especies relícticas, como la **apolo** [121].

Por desgracia, son varias las amenazas que podrían comprometer seriamente la conservación de esta joya vegetal, como la excesiva presión de las **cabras montesas** [222] y la masificación turística, en Sierra Nevada, al igual que el cambio climático. En Andalucía subsiste únicamente una población, en los alrededores del Mulhacén (3.479 m), mientras que en Pirineos su distribución se restringe a un puñado de enclaves montañosos, repartidos entre los parques naturales del Posets-Maladeta (en el macizo de la Tuca de Culebres y la Tuca de Vallibierna, por ejemplo) y de las Capçaleres del Ter y del Freser, apareciendo también en contadas cumbres al sureste del Parque Nacional de **Aigüestortes i Estany de Sant Maurici** [137].

129. UN DELEITE GEOLÓGICO Y PAISAJÍSTICO PARA LOS SENTIDOS

Mirador de Viguera (La Rioja)

Estratégicamente ubicado sobre un balcón natural emplazado al norte de la localidad de Viguera, el mirador de Peñueco (reformado hace pocos años) permite deleitarse, sin prisas, con uno de los paisajes más notables de La Rioja. Desde este saliente orientado hacia el noroeste acaparan toda la atención las Peñas de Viguera y otros relieves cercanos, conformados por conglomerados silíceos y otros materiales, así como el último tramo del río Iregua, cuyas aguas van a parar a las del cercano río Ebro, a su paso por Logroño. Debido a su valor ambiental, los roquedos y riscos que se contemplan desde este lugar forman parte del espacio protegido «Peñas de Iregua, Leza y Jubera», incluido en la Red Natura 2000.

130. UN PASEO ENTRE DUNAS Y SALINAS, POR EL LITORAL ALICANTINO

Salinas de Santa Pola (Alicante)

La ruta de El Pinet, en el extremo meridional del Parque Natural de las Salinas de Santa Pola, recorre un entorno de gran interés, muy cerca de la costa alicantina. Aquí se congregan, entre otras muchas aves, cigüeñuelas, avocetas, chorlitejos, chorlitos, archibebes y correlimos de varias especies, charranes comunes, charrancitos, fumareles comunes, **gaviotas de Audouin** [236] y picofinas (en la imagen), **flamencos** [314] y tarros blancos. Este cómodo itinerario de algo menos de 4 km de longitud, habilitado en algunos tramos con pasarelas de madera, así como con varios observatorios ornitológicos y un área recreativa, discurre por el interior de un pinar costero y permite conocer la zona de dunas mejor conservada de toda la provincia de Alicante.

VERANO

131. LA MÁS FRECUENTE DE NUESTRAS PLANTAS CARNÍVORAS
Atrapamoscas (*Drosera rotundifolia*)

Extendida por el tercio norte peninsular, así como por zonas húmedas y montañosas del interior, esta es nuestra planta carnívora más frecuente. Por ello, recibe un variado listado de nombres vernáculos a lo largo de nuestra geografía, como hierba del rocío, rocío del sol, rosolí, drosera o atrapamoscas; este último, desde luego, es uno de los más acertados, al describir los hábitos alimentarios de esta pequeña planta, habitante de turberas y prados inundados.

132. UN DISCRETO ODONATO, DEDICADO A GRAELLS
Azulillo de Graells (*Ischnura graellsii*)

En honor al célebre científico Mariano de la Paz Graells, en 1842, Jules Rambur, uno de los más importantes entomólogos franceses del siglo XIX, otorgó el epíteto que aún mantiene a este discreto caballito del diablo, distribuido casi exclusivamente por la península ibérica. Se reconoce, entre otros rasgos, por presentar el extremo de su grácil abdomen de color azul intenso. Reside en zonas costeras y en el interior, en el entorno de arroyos y humedales.

133. ENDEMISMOS ESCASAMENTE VALORADOS
Barbo común (*Luciobarbus bocagei*)

Aunque injustamente no recibe nuestra ictiofauna una gran atención, la Península alberga el mayor número de peces autóctonos de Europa, siendo la mitad de ellas endemismos de este territorio. Una de estas especies exclusivas de la geografía ibérica es el barbo común, antaño mucho más abundante; ha desaparecido, de hecho, de buena parte de la cuenca del Duero y escasea en la cuenca alta del Tajo. Vive en tramos fluviales de aguas lentas.

134. UNA SINGULAR ALCACHOFA EXCLUSIVA DE LA PENÍNSULA, CRÍTICAMENTE AMENAZADA
Alcachofera o morra (*Cynara tournefortii*)

No gozan los cardos de una excesiva popularidad, siendo habitualmente afeados y tachados con la injusta denominación de «malas hierbas». Los lugares poco agraciados en los que suelen prosperar, sus espinosas hojas y sus discretas inflorescencias, ciertamente, no juegan a su favor, a diferencia de las lisonjeadas flores de otras especies, como ocurre con las orquídeas, los narcisos, los lirios o las azucenas.

Pese a ello, esta singular planta, emparentada con las alcachofas, llegó a acaparar titulares de prensa e incluso campañas de movilización ciudadana hace tan solo unos años: tras su redescubrimiento en el territorio madrileño, por parte de Juan Manuel Martínez Labarga, al aparecer una amenazada población en un solar al este de la capital, se desató una suerte de guerra de David contra Goliat; la *Cynara* perdió esa batalla, quedando urbanizado el pastizal en el que se había hallado, pero supuso su «salto a la fama». Gracias a ello, en buena medida, junto al aumento de personas aficionadas a la botánica, un creciente número de citas ha ido ampliando el conocimiento corológico de esta especie, prácticamente ignorada durante el siglo XX.

Se desarrolla sobre suelos de arcillas y terrenos margosos, en eriales, bordes de camino y entornos no cultivados. A pesar de descubrirse nuevas localidades a lo largo de estas últimas décadas, esta especie sigue estando catalogada en la categoría de «En Peligro Crítico» en la *Lista Roja de la Flora Vascular Española*. Su presencia en nuestro país se limita a contadas provincias, como Madrid (entre Paracuellos, San Fernando, Coslada y Leganés), Badajoz, Cádiz (en Vejer de la Frontera, Alcalá de los Gazules, Benalup-Casas Viejas, Castellar de la Frontera y Tarifa), Sevilla y Granada.

135. NO TODAS LAS PLANTAS TIENEN CLOROFILA

Orquídea nido de ave (*Neottia nidus-avis*)

El único representante del género *Neottia* en Europa, presente en la Península y Baleares, es una de nuestras orquídeas menos llamativas, con una coloración enteramente marrón y amarillenta, al carecer por completo de clorofila (gracias a la cual otras plantas pueden realizar la fotosíntesis). Se trata por tanto de una planta heterótrofa (es decir, incapaz de elaborar su alimento), con predilección por el interior umbrío de diferentes tipos de bosques, como hayedos, robledales o pinares, casi siempre en zonas de cierta humedad y abundante materia orgánica. En nuestra geografía, fuera de la cordillera pirenaica (donde llega a ser frecuente, como ocurre en el **valle de Ordesa** [55], por ejemplo), es una orquídea poco abundante.

136. UNA AMAPOLA RESTRINGIDA A ZONAS COSTERAS

Amapola marina (*Glaucium flavum*)

Además de las casi ubicuas amapolas rojas, que llegan a tapizar extensos campos durante la primavera, otras especies más escasas de papaveráceas (denominación que recibe esta familia de plantas) lucen tonalidades moradas [83], naranjas [128] y también amarillas. Este es el caso de la vistosa amapola marina, una planta que se esparce por casi todo el litoral mediterráneo y las costas atlánticas del continente europeo. En nuestro país está presente desde el **Cap de Creus** [203] a La Palma, isla en la que prospera en ocasiones algo más alejada del mar, como en las inmediaciones de los **volcanes de Teneguía** [64] y San Antonio. Florece habitualmente durante los meses de junio, julio y agosto.

137. LA MAYOR CONCENTRACIÓN DE LAGOS DE MONTAÑA EN PIRINEOS
Aigüestortes i Estany de Sant Maurici (Lleida)

Más de 150 lagos o *estanys* salpican la accidentada geografía del único Parque Nacional del territorio catalán, declarado en el corazón de los Pirineos hace ya más de 70 años. Las principales entradas a este majestuoso espacio protegido se realizan desde Espot, hacia el fotogénico Estany de Sant Maurici, y desde Boi y Taüll (localidad que atesora una de las joyas del Románico), hacia el Estany de Cavallers, flanqueados por un reguero de escarpados tresmiles. Entre otras muchas especies, es posible observar ambas **azucenas** [93 y 115], varias gencianas, **quebrantahuesos** [214], **lagópodo alpino** [146] (escaso, en las zonas más altas), **marmotas** [140], **tritones pirenaicos** [191], rododendros y magníficos bosques de hayas, abetos y **pinos negros** [350].

138. RECORRIENDO LOS CASI DESCONOCIDOS ACANTILADOS DE AZKORRI
Dunas y acantilados de Azkorri (Bizkaia)

Desde Punta Galea, el saliente en el que finaliza la margen derecha de la amplia ría de Bilbao, da comienzo un entretenido itinerario hacia el este, a través del cual se puede disfrutar de unas vistas únicas de uno de los tramos costeros de mayor atractivo de todo el litoral vasco, repartido entre los términos de Algorta y Sopelana. Por su interés y singularidad geológica, merecen una especial mención los acantilados que se alzan en la zona, además de diversos ecosistemas tan valiosos como los tojales y brezales costeros, en los que es posible localizar especies como la esquiva **buscarla pintoja** [72], el **alcaudón dorsirrojo** [53] y el halcón peregrino, así como diversas orquídeas, como *Ophrys apifera* (en primavera).

139. UNAS VISTAS PRIVILEGIADAS AL MIDI D'OSSAU

El Portalet (Huesca)

Posiblemente sea El Portalet uno de los puertos de montaña fronterizos más afamado de los Pirineos. Situado en la cabecera del río Gállego, en la parte más septentrional del valle de Tena, este enclave de fácil acceso permite disfrutar de un sinfín de especialidades florísticas y faunísticas de la cordillera pirenaica, sobre todo durante la primera mitad del periodo estival.

Llegando desde el sur, súbitamente emerge la silueta del Midi d'Ossau, una colosal e icónica cumbre emplazada en la vertiente francesa, de la cual es difícil apartar la vista, dada su majestuosidad. Antes de cruzar la frontera, a mano izquierda de la carretera parte una pista que conduce hasta una pequeña vaguada con varias lagunas o charcas, a escasa distancia del puerto; este corto recorrido brinda la posibilidad de observar un amplísimo elenco de especies de flora, entre los meses de junio y julio, siendo abundantes **Dactylorhiza sambucina** [36], **Fritillaria pyrenaica** [90], **Xiphion latifolium** [145], **Androsace vitaliana** [71], *Sempervivum arachnoideum*, *Gentiana lutea* y *Myosotis alpestris*, por mencionar solo algunas de las plantas de mayor interés. Son frecuentes, por su parte, diversas libélulas y mariposas, como la inconfundible **apolo** [121], varias especies de aves de alta montaña, reptiles y anfibios (es posible ver lagartija de turbera y **tritón pirenaico** [191], por ejemplo) y las **marmotas** [140].

Si se dispone de más tiempo, tanto desde El Portalet como desde los cercanos aparcamientos de la estación de Formigal parten innumerables rutas de senderismo, como las que ascienden hasta los fotogénicos ibones de Anayet (alrededor de 5 km, solo ida) y se asoman a la Canal Roya, un recóndito valle inexplicablemente amenazado por la conexión de dos estaciones de esquí.

140. DE VUELTA A LOS PIRINEOS, TRAS UN LARGO PERIODO AUSENTE

Marmota alpina (*Marmota marmota*)

No hay un consenso claro sobre cuándo desaparecieron las marmotas de los Pirineos, antes de que se produjera su reintroducción desde los Alpes, a mediados del siglo pasado. Parece ser que la especie pudo extinguirse de estas montañas hace varios miles de años, a comienzos del Holoceno, aunque diversos estudios subrayan la teoría de que podría haber subsistido en determinados enclaves de este macizo hasta hace tan solo unos pocos siglos.

Sea como fuere, tras su regreso a la cordillera pirenaica, este mamífero está hoy en día ampliamente extendido, tanto en la vertiente francesa (donde se iniciaron las reintroducciones) como en la vertiente española, desde Navarra hasta el valle del río Ter. Sus característicos y agudos silbidos y llamadas de alerta, ante la presencia de grandes rapaces, como el águila real, forman de nuevo, desde hace varias décadas, parte del paisaje sonoro de los Pirineos.

Al igual que otros muchos mamíferos propios de zonas montañosas, las marmotas hibernan durante los meses más fríos. A mediados de primavera salen de sus madrigueras, estando especialmente activas durante los meses de verano, antes de la llegada de las primeras nevadas otoñales. De costumbres gregarias, las marmotas viven en pequeños grupos familiares, por lo que es habitual observar varios ejemplares juntos. Resulta frecuente en muchas localidades pirenaicas, situadas siempre por encima del límite del bosque, en praderas, collados y roquedos de alta montaña; son fáciles de detectar, por ejemplo, en las partes altas del **valle de Ordesa** [55], en los alrededores de **El Portalet** [139], en los parques naturales de los Valles Occidentales y del Posets-Maladeta así como en **Aigüestortes i Estany de Sant Maurici** [137], entre otros parajes.

141. UNA MISTERIOSA AVE NOCTURNA, DE INCONFUNDIBLE CANTO

Chotacabras cuellirrojo (*Caprimulgus ruficollis*)

Esta enigmática ave nocturna es una de las «especialidades ornitológicas» de nuestro país, ya que a escala global nidifica únicamente en la península ibérica y en determinadas zonas del noroeste de África. Fácil de reconocer y detectar gracias a su inconfundible canto, menos sencillo resulta observar a esta ave migradora, presente en nuestro territorio entre los meses de mayo y septiembre. Se extiende por las zonas más cálidas de la Península, estando ausente en todas las regiones bañadas por el Cantábrico, al igual que en Baleares y Canarias. Lamentablemente, como se ha constatado con otras especies de aves ligadas a los entornos agrícolas y zonas de monte mediterráneo, sus poblaciones están en regresión.

142. EL ERIZO QUE LLEGÓ DESDE EL CONTINENTE AFRICANO

Erizo moruno (*Atelerix algirus*)

Quizás no mucha gente esté al tanto de que en España se dan cita dos especies de erizos: el erizo común europeo y el erizo moruno, originario este último del norte del continente africano, desde donde colonizó hace varios milenios (posiblemente, con la «ayuda» del ser humano), algunas zonas del litoral mediterráneo de la Península, extendiéndose también desde hace siglos por el archipiélago balear y por Canarias. En Ceuta resulta una especie muy abundante, siendo asimismo relativamente fácil de ver en Baleares (sobre todo, en las zonas de menor altitud). De hábitos nocturnos, como la inmensa mayoría de mamíferos de nuestra geografía, muestra una mayor actividad durante los meses de primavera y verano.

143. CONTEMPLANDO LA VÍA LÁCTEA, SOBRE EL ARCHIPIÉLAGO DE CABRERA

Cap de Ses Salines (Mallorca)

De sobra conocida por sus paradisíacas playas de cálidas aguas turquesas, Mallorca guarda innumerables sorpresas. Una de ellas, al menos para mucha gente, consiste en disfrutar en muchas zonas de la isla de cielos libres de contaminación lumínica. Uno de los enclaves idóneos para la contemplación y fotografía del firmamento nocturno, a lo largo de las noches despejadas del verano, es el extremo meridional de la isla, en donde se levanta el faro de Punta Salinas. Desde este cabo, alejado de cualquier núcleo urbano, el centro galáctico de la Vía Láctea luce en todo su esplendor, alzándose sobre el Parque Nacional Marítimo-Terrestre del Archipiélago de Cabrera (que bien merece una visita, durante el día).

144. UNAS VISTAS ÚNICAS DE LAS CHINIJO, A CASI 500 METROS DE ALTURA

Riscos de Famara (Lanzarote)

La escarpada costa noroccidental de Lanzarote ofrece una de las más sobresalientes panorámicas de todas las Canarias: la que se obtiene desde lo alto de los riscos de Famara, unos vertiginosos acantilados de casi 500 m de altura, sobre las islas Chinijo, entre las que destaca en primer plano **La Graciosa** [206]; dada su proximidad y su enorme valía ambiental, esta zona del litoral de Lanzarote forma parte, de hecho, del Parque Natural del Archipiélago Chinijo, uno de los espacios protegidos de mayor relevancia ornitológica de Canarias. Las mejores vistas se obtienen desde el Mirador del Río (de pago) y sus alrededores, accediendo por una estrecha carretera. Se puede recorrer la zona a pie, extremando siempre las precauciones.

VERANO

145. NUESTRO LIRIO MÁS ESPECTACULAR

Lirio azul (*Xiphion latifolium*)

Prácticamente exclusivo de la geografía ibérica, el lirio azul es el más grande y espectacular de los diferentes lirios que prosperan en nuestro territorio. Florece entre julio y comienzos de agosto, casi siempre en praderas de montaña. Abunda en los Pirineos, sobre todo en Huesca (es fácil de ver en **El Portalet** [139] y en las zonas altas de Ordesa por ejemplo) y en la cordillera Cantábrica, llegando hasta la costa, **cabo Ortegal** [239], y el interior (Somosierra).

146. UN AVE ICÓNICA DE LA ALTA MONTAÑA

Lagópodo alpino (*Lagopus muta*)

Si hay un ave icónica de la alta montaña, esa es sin duda el lagópodo alpino o perdiz nival. Durante los meses estivales cambia su níveo plumaje invernal por un atuendo pardo grisáceo, que le confiere un camuflaje inmejorable. En España solo habita en los Pirineos, cordillera en la que quedó aislada tras las últimas glaciaciones. Los alrededores de la cumbre del **Puigpedrós** [112], con suerte, pueden brindar un encuentro con esta joya alada.

147. UN CURIOSO HELECHO, FÁCIL DE RECONOCER

Lengua de ciervo (*Phyllitis scolopendrum*)

Bien extendido por el tercio norte peninsular, desde el nivel del mar a zonas montañosas, este peculiar helecho se encuentra en bosques umbríos y roquedos húmedos. Fácil de reconocer, gracias a la inconfundible forma de las láminas de sus frondes (u «hojas»), resulta relativamente abundante en diversos enclaves, como en las **Ribeiras do Sor** [181], en las faldas del **Sueve** [66] o en los alrededores del **embalse de Urkulu** [157].

148. EL TESORO HERPETOLÓGICO DEL VALLE DE ARÁN

Lagartija aranesa (*Iberolacerta aranica*)

Recluida, casi exclusivamente, a los macizos montañosos culminados por el Tuc de Mauberme, en el valle de Arán, y por el Mont Valier, en la vecina vertiente francesa, esta discreta lagartija constituye uno de los más preciados tesoros herpetológicos de nuestra fauna. Vive en roquedos y taludes, en zonas de alta montaña, entre los 1.900 m y los 2.500 m de altitud, conviviendo en ocasiones con la lagartija roquera, una especie mucho más abundante. Entre otros enclaves, se puede intentar localizar durante los meses estivales en la ruta que asciende desde la localidad de Bagergue al refugio de Liat. Dada su reducida área de distribución, está considerada como «En Peligro de Extinción» dentro del *Catálogo Nacional de Especies Amenazadas*.

149. LA LAGARTIJA MÁS AMENAZADA DE LA PENÍNSULA

Lagartija batueca (*Iberolacerta martinezricai*)

Aunque a lo largo de los últimos años se ha ido constatando su presencia en nuevos enclaves, la lagartija batueca sigue ostentando el preocupante privilegio de ser el reptil más amenazado de la geografía ibérica; es, de hecho, una de las lagartijas con un área de distribución más reducida a escala global. Se localiza únicamente desde la **Peña de Francia** [219] y La Hastiala, descendiendo a zonas más bajas en Las Batuecas y en las sierras de la Alberca y las Mestas. A diferencia de otras especies del género *Iberolacerta*, propias de ambientes de alta montaña, esta lagartija encuentra su hábitat óptimo en los canchales y pedregales situados a menor cota, entre encinares, alcornocales y melojares.

150. EL PARAÍSO EXTREMEÑO DE LOS VENCEJOS

Alange (Badajoz)

Además de por su afamado balneario y sus aguas termales, esta localidad pacense es también reconocida por su importancia ornitológica, gracias en buena medida al *Festival de los Vencejos de Alange*, cuya primera edición se remonta a 2017. Son cinco las especies de vencejos que se pueden ver en la zona, destacando el **vencejo real** [87] (en la presa del embalse se localiza la mayor colonia extremeña) y el singular **vencejo cafre** [151].

151. UN ESCASO Y TARDÍO MIGRADOR

Vencejo cafre (*Apus caffer*)

Entre todas las aves migradoras que recalan en nuestro país para nidificar, procedentes de sus zonas de invernada en África, el vencejo cafre es la que llega más tarde, casi siempre bien entrado el mes de mayo. La presencia en Europa de este inusual vencejo se restringe al suroeste de la Península (Andalucía, Extremadura y Castilla-La Mancha, sobre todo), en donde cría en cortados rocosos y antiguas edificaciones.

152. EL CAMUFLAJE COMO MEDIO DE VIDA

Empusa (*Empusa pennata*)

Prácticamente invisible a ojos de sus presas y sus depredadores, el camuflaje de la empusa o mantis palo resulta realmente fascinante; sobre todo, el de las ninfas, de pequeño tamaño, siendo capaces de pasar totalmente desapercibidas entre la hierba seca y las ramas. Es un insecto exclusivo del Mediterráneo occidental, resultando abundante en buena parte de la península ibérica (excepto en la fachada cantábrica y en las montañas más elevadas).

153. UNA DESCONOCIDA AVE, EN ALARMANTE DISMINUCIÓN, REPRESENTATIVA DE LOS OLIVARES Y VIÑEDOS TRADICIONALES

Alzacola rojizo (*Cercotrichas galactotes*)

Las últimas estimaciones publicadas, a partir de los censos realizados hace unos pocos años, son demoledoras: en lo que va de siglo la población de alzacolas en la Península habría disminuido en torno al 95%; ninguna otra ave, en nuestra geografía, ha sufrido una debacle de estas dimensiones en tiempos recientes.

Bien distinta era su situación hace tan solo unas décadas, siendo de sobra conocido este paseriforme por los agricultores y pastores de la mitad sur peninsular, donde recibía una infinidad de nombres vernáculos, como *colirrubia*, *empinarrabo*, *sartanzo*, *colorá*, *rubita*, *tabaca* o *colorín*, aludiendo casi todos ellos a la habitual costumbre de levantar su larga cola o a su coloración terrosa. Hoy en día, la práctica totalidad de alzacolas de nuestro país se concentra en Andalucía y Extremadura, albergando solamente tres provincias (Sevilla, Badajoz y Córdoba) el 60 % de sus efectivos. Perduran aún, además, núcleos aislados en Murcia y Alicante.

Su disminución a lo largo de estas últimas décadas deriva, como ocurre con muchas otras aves ligadas a los medios agrarios, de la intensificación de los cultivos: el abuso de insecticidas y productos químicos en los olivares y viñedos tradicionales ha erradicado casi de manera irreversible a los insectos, el principal alimento de esta y otras aves. Por fortuna, todavía se puede intentar localizar a esta atractiva especie, invernante al sur del Sáhara, en la comarca pacense de Tierra de Barros (alrededor de Almendralejo), en Trebujena (en los mosaicos agrarios entre esta localidad y el Guadalquivir) o en el valle cacereño del Alagón (en los olivares en torno a Ahigal y Montehermoso). Junio y julio son los meses idóneos para ir en su búsqueda.

154. LUGARES ÚNICOS, DE CUYO NOMBRE SÍ QUERREMOS ACORDARNOS

Saladares de La Mancha (Castilla-La Mancha)

El territorio castellanomanchego, qué duda cabe, atesora innumerables lugares únicos, de cuyo nombre sí querremos acordarnos una vez los hayamos conocido y visitado. Entre ellos sobresale el reguero de lagunas salinas y saladares que se esparce por La Mancha, de deslumbrantes tonalidades blancas en plena canícula.

Totalmente secas durante la época estival, son varias las lagunas endorreicas que en verano se ven cubiertas por una gruesa capa de minerales (sulfatos y cloruros), de más de 10 cm de espesor en algunos casos, como consecuencia del depósito de diferentes sales, adquiriendo en este periodo del año una apariencia casi extraterrestre.

En el centro de la región resultan de visita imprescindible, entre otras, las lagunas de Tirez, de Peñahueca, del Altillo, de El Longar y de la Sal, así como el complejo lagunar de Manjavacas, la Laguna de El Hito, la Laguna Salada de Pétrola o el Saladar de Cordovilla; todos ellos espacios protegidos, declarados Reserva Natural. A pesar de su aspecto inhóspito durante los meses más cálidos del calendario, un fascinante abanico de especies encuentra en estas lagunas estacionales y en sus inmediaciones un hábitat óptimo, como por ejemplo el **grillo cascabel de plata** [19], diferentes coleópteros, como *Cephalota dulcinea* [155], *Iberodorcadion bolivari* y *Broscus uhagoni* o el curioso cigarrón de La Mancha (*Roeseliana oporina*), redescubierto en torno a la Laguna de El Hito, en fechas recientes. Durante los meses de invierno y primavera, bien merecerán asimismo nuestra atención estas lagunas, albergando nutridas poblaciones de aves acuáticas, como **grullas** [248], anátidas y **flamencos** [314]. Debemos extremar las precauciones para no dañar ni causar ninguna alteración de estos asombrosos ecosistemas.

155. UN ESQUIVO COLEÓPTERO, DESCUBIERTO HACE UNOS POCOS AÑOS, EXCLUSIVO DE LA MANCHA

Cephalota dulcinea

Sobran dedos de una sola mano para contar las localidades conocidas, hasta la fecha, de una de las joyas entomológicas de la Península, exclusiva del centro de La Mancha: *Cephalota dulcinea* se encuentra, únicamente, en torno a las lagunas de Tirez, de Peñahueca y de las Yeguas, repartidas entre el sur de la provincia de Toledo y el norte de Ciudad Real.

No fue hasta hace unos pocos años, bien entrado el presente siglo, cuando se describió y nombró esta nueva especie de coleóptero, eligiendo un apropiado y quijotesco epíteto (aunque no sabemos qué pensaría al respecto el ingenioso hidalgo). Al igual que otros cicindélidos o escarabajos tigre, entre sus rasgos destacan sus grandes y fuertes mandíbulas, así como su llamativo diseño dorsal, luciendo un curioso patrón en sus élitros. Vive en suelos salinos, en terrenos abiertos próximos a las lagunas estacionales, con vegetación halófila dispersa. Debido a su pequeño tamaño (de algo más de un centímetro) y a lo inquieto que se muestra, siendo capaz de desplazarse a gran velocidad, no resulta del todo sencillo observar y fotografiar a este endemismo castellanomanchego. La segunda mitad de junio y las primeras semanas de julio comprenden el periodo de mayor actividad de este escarabajo; dadas las elevadas temperaturas y la fuerte insolación, si vamos en su búsqueda en estas fechas tan calurosas, conviene no olvidar una gorra, protección solar y agua.

¿Cuántas sorpresas naturalísticas nos seguirán deparando estos fascinantes paisajes, habitualmente tan poco valorados, a lo largo de los próximos años? Es imposible conocer la respuesta, claro está, pero ojalá sean muchas más. ¡Cuidemos debidamente estos enclaves, refugio de una sorprendente biodiversidad!

156. UNO DE LOS RINCONES MEJOR CONSERVADOS DE LA CORDILLERA CANTÁBRICA

Somiedo (Asturias)

El decano de los cinco parques naturales declarados en el Principado, con una superficie de casi 30.000 ha, protege una amplia amalgama de paisajes, como bosques mixtos caducifolios, pastizales y brañas (salpicadas con sus icónicas *cabanas de teito*), lagos de origen glaciar, escarpados roquedos y altas cumbres. Somiedo es uno de los lugares más apropiados de nuestra geografía para observar **osos pardos** [119] (puede resultar muy productivo realizar una espera, con buena óptica, desde el Mirador del Príncipe, junto a La Peral, en primavera y verano), además de otras muchas especies, como gato montés, lobo, rebeco o **perdiz pardilla** [188] (en la ruta desde el alto de la Farrapona a los lagos de Saliencia).

157. CON VISTAS A LAS SIERRAS DE AIZKORRI Y URKIOLA

Embalse de Urkulu (Gipuzkoa)

Cerca de la confluencia de las tres provincias vascas, al sur de Arrasate/Mondragón, se localiza el embalse de Urkulu, un destino poco frecuentado pero idóneo para disfrutar de la naturaleza y el senderismo. Un cómodo y atractivo itinerario, bien señalizado y sin apenas desnivel, bordea en su totalidad esta lámina de agua, situada dentro de los límites del Parque Natural de Aizkorri-Aratx (un valioso espacio protegido que alberga la cumbre más alta de Euskadi, así como un notable reguero de cuevas, hayedos y roquedos calizos). La ruta que circunda el embalse permite admirar diversas cumbres, como la del inconfundible Amboto (la morada de *Mari,* la diosa principal de la mitología vasca), en el extremo oriental del Parque Natural de Urkiola.

158. UNA DE LAS MÁS RECIENTES INCORPORACIONES A NUESTRA AVIFAUNA

Buitre moteado (*Gyps rueppelli*)

A comienzos de los noventa del pasado siglo, se confirmaron las primeras observaciones de buitre moteado o de Rüppell en España (en Extremadura y Andalucía, concretamente), una rapaz originaria de las regiones tropicales del continente africano. Bien distinto es su estatus en nuestro país durante estos últimos años, considerándose una especie casi regular, e incluso asentada, en el sur de la Península, sobre todo en las provincias de Cádiz y Málaga. A escala global, sin embargo, este buitre se encuentra seriamente amenazado y ha sido catalogado «En Peligro Crítico» en la *Lista Roja de la UICN* (Unión Internacional para la Conservación de la Naturaleza), debido al uso masivo de venenos en los países subsaharianos en los que habita. El **Estrecho** [218], junto a otros enclaves, como el castillo de Casares, constituyen destinos idóneos para ir en búsqueda de este atractivo buitre, siendo más frecuentes sus registros entre los meses de agosto y octubre.

159. UNA ENIGMÁTICA Y CASI DESCONOCIDA AVE MARINA

Petrel de Bulwer (*Bulweria bulwerii*)

Hasta tiempos recientes, era poco o muy poco lo que se conocía sobre la biología, la distribución y los movimientos del petrel de Bulwer, una de nuestras aves marinas más enigmáticas, denominada por los portugueses como «alma negra». Las investigaciones llevadas a cabo durante los últimos años han arrojado datos más que sorprendentes sobre esta ave pelágica, presente en nuestro país únicamente en el archipiélago canario, en donde nidifica en contados islotes, como en los **Roques de Anaga** [268], y en diversos acantilados inaccesibles, entre los meses de mayo y agosto. Al igual que otras aves marinas, como las pardelas, los paíños, los charranes, los págalos y los alcatraces, es capaz de volar largas distancias, especialmente fuera de su época reproductora, pasando el invierno en las remotas aguas del Atlántico Central y Sur.

160. EL SÍMBOLO VEGETAL DE SIERRA NEVADA
Estrella de las nieves (*Plantago nivalis*)

Entre las varias decenas de plantas endémicas que alberga el macizo de **Sierra Nevada** [163], un verdadero paraíso botánico, la estrella de las nieves es una de las más emblemáticas, siendo considerada en muchas ocasiones el símbolo vegetal de esta gran cordillera. Se pueden localizar sus peculiares hojas pilosas en suelos pedregosos, entre los 2.300 m y los 3.200 m de altitud, recorriendo las rutas que ascienden a las cumbres más elevadas.

161. UNA VIDA ADAPTADA A LOS SUELOS SALINOS
Coralillo (*Micronecnum coralloides*)

Allí donde casi ninguna otra planta se atrevería a enraizarse, en los casi inhóspitos **saladares de La Mancha** [154], en el árido valle del Ebro o en la Hoya de Baza, prospera el coralillo, una de nuestras especies vegetales más curiosas y mejor adaptadas a estos ambientes. Es en los calurosos meses de verano, en plena canícula, cuando adquiere una coloración más llamativa, que recuerda a la de los corales marinos.

162. UN LETAL CAMUFLAJE
Araña cangrejo (*Thomisus onustus*)

A diferencia de otras muchas arañas, los tomísidos o arañas cangrejo no elaboran ni tejen telas, sino que permanecen inmóviles al acecho, cerca de las flores, para capturar a sus presas en el momento preciso, pasando totalmente desapercibidas gracias a su asombroso y letal camuflaje. Alrededor de 70 especies de tomísidos se han registrado en la Península, siendo *Thomisus onustus* una de las más frecuentes y fáciles de reconocer.

163. ASCENDIENDO A LOS TRESMILES EUROPEOS MÁS CERCANOS AL MAR

Sierra Nevada (Granada y Almería)

Ninguna otra cumbre de más de tres mil metros de altitud, en todo el continente europeo, se sitúa tan próxima a la costa como las que se yerguen en este imponente macizo del sur de la Península. Más de una veintena de tresmiles se alzan en Sierra Nevada, nada más y nada menos, destacando entre todos ellos un trío de grandes colosos pétreos: La Alcazaba (3.369 m), el Veleta (3.396 m) y, especialmente, el Mulhacén (3.479 m), la montaña más elevada de la geografía ibérica, localizada a poco más de 30 km del litoral mediterráneo.

Tras las últimas glaciaciones del Cuaternario, un amplio repertorio de especies encontró refugio en esta cordillera, en la que es posible admirar los glaciares más meridionales de Europa, dando como resultado la aparición de un llamativo número de endemismos; sobresalen, por ejemplo, los insectos (con tres centenares de taxones exclusivos de estas montañas), así como la flora (con alrededor de ochenta especies endémicas de Sierra Nevada).

Son casi infinitas las opciones que encontrará cualquier amante del senderismo para descubrir este espacio protegido andaluz, declarado Parque Nacional a finales del siglo pasado. De especial atractivo resulta la ruta que asciende desde Trevélez a las Siete Lagunas: partiendo de esta pintoresca localidad de la Alpujarra Granadina, un sendero conduce hasta uno de los parajes más espectaculares de Sierra Nevada, a unos 3.000 m de altitud (8,5 km, solo ida). Al Mulhacén se puede ascender desde diversos enclaves, resultando muy cómodo el recorrido que se inicia en el Alto del Chorrillo (a donde es posible llegar en autobús, desde Capileira), de escasa dificultad técnica, sin olvidar que esta es una zona de alta montaña.

VERANO

164. EL HELECHO ASOCIADO A LAS ALISEDAS

Helecho real (*Osmunda regalis*)

Distribuido desde el nivel del mar hasta zonas de media montaña, el helecho real está muy ligado a las alisedas y los bosques de ribera, prosperando habitualmente en las orillas de los ríos y riachuelos. En la Península resulta más abundante en las fachadas atlántica y cantábrica, casi siempre sobre terrenos silíceos, apareciendo a su vez en algunos enclaves aislados del interior (sistema Central, Montes de Toledo y Sierra Morena) y en Cataluña.

165. UNA VIDA SOBRE LAS RAMAS Y LOS TRONCOS

Cabriña o cochinita (*Davallia canariensis*)

A diferencia de lo que acontece en latitudes tropicales o ecuatoriales, en nuestro país escasean las especies vegetales epífitas (es decir, que crecen sobre troncos o ramas). Una de ellas es este singular helecho, restringido a Canarias y a determinados enclaves húmedos de la Península (Galicia, Asturias y sur de Andalucía), además de a Madeira y Marruecos. En la **laurisilva canaria** [266] o en **Los Alcornocales** [118], por ejemplo, es fácil de observar.

166. LA FLOR DE LAS DUNAS Y ARENALES COSTEROS

Azucena de mar (*Pancratium maritimum*)

Con la llegada de la temporada estival, florecen en las dunas y arenales costeros las espectaculares azucenas de mar. Esta especie, emparentada con los narcisos, se distribuye por los países situados en torno al Mediterráneo; en nuestra geografía se extiende por casi todo el litoral peninsular, siendo frecuente a su vez en el archipiélago balear. Julio y agosto son los meses en los que exhiben sus blancas y grandes flores.

167. UN BOSQUE DE ENSUEÑO 🚶
Fragas do Eume (A Coruña)

A orillas del último tramo del río Eume, antes de su desembocadura en la ría de Ares, se extiende una de las forestas de mayor importancia de nuestra geografía, las Fragas do Eume, consideradas en conjunto el bosque atlántico costero mejor conservado de Europa. Si bien el monasterio de Caaveiro, epicentro del Parque Natural, resulta de visita ineludible, este espacio protegido coruñés ofrece al visitante diversos senderos señalizados, desde los que se pueden descubrir enclaves únicos y sorprendentes miradores. Además de albergar diversas joyas faunísticas como la **salamandra rabilarga** [106], el **tritón ibérico** [182] y el **caracol de Quimper** [189], las Fragas do Eume constituyen un paraíso para los helechos, con alrededor de una treintena de especies inventariadas.

168. LAS ISLAS MÁS VISITADAS DEL ÚNICO PARQUE NACIONAL GALLEGO 🤿
Islas Cíes (Pontevedra)

El popular y afamado archipiélago de las Cíes constituye la cara más conocida del Parque Nacional Marítimo-Terrestre de las Islas Atlánticas de Galicia, el espacio protegido de mayor rango de Galicia, en cuyos límites se incluyen asimismo otros tres conjuntos insulares: el de Ons, el de Sálvora y el de Cortegada. Sus gélidas aguas turquesas, sus vertiginosos acantilados y el atractivo de la travesía en barco hasta el muelle de Rodas, son solo algunos de los incontables alicientes para visitar la isla de Monteaguado, la más grande de las Cíes. Sus fondos marinos acogen una excepcional biodiversidad (un consejo, para los amantes del buceo o el *snorkel*: conviene no olvidar un traje o chaqueta de neopreno).

169. DESCUBRIENDO EL PARQUE NATURAL MÁS EXTENSO DE ESPAÑA

Sierras de Cazorla, Segura y Las Villas (Jaén)

Allí donde termina Andalucía, los vastos y alomados olivares que cubren buena parte de la provincia de Jaén dan paso, casi sin previo aviso, a unas escarpadas y agrestes sierras calcáreas; es allí, en una angosta garganta, donde nace el Guadalquivir, cuyo tramo alto discurre entre las extensas laderas arboladas que conforman la mayor masa forestal de España. Las Sierras de Cazorla, Segura y Las Villas, el Parque Natural con una mayor superficie de todo el país, albergan verdaderos tesoros naturales, incluyendo más de treinta endemismos vegetales, como la violeta de Cazorla, y otras especies como la **lagartija de Valverde** [122] (en la ruta del río Borosa), el sapo partero bético o el **quebrantahuesos** [214].

170. UN PAISAJE ÚNICO E INESPERADO, EN EL INTERIOR DE GALICIA

Serra da Enciña da Lastra (Ourense)

En muy poco se asemeja la Serra da Enciña da Lastra, situada casi en el límite occidental de Galicia, en la linde con la vecina comarca de El Bierzo, con los paisajes característicos de las provincias costeras, en donde el clima resulta mucho más suave y húmedo. En este parque natural gallego, vertebrado por el sinuoso curso del río Sil, principal afluente del Miño, se puede admirar uno de los mejores ejemplos de bosque mediterráneo del noroeste peninsular, tachonado de encinas (algunas de ellas, centenarias), acompañadas por **madroños** [256], cornicabras, labiérnagos, **jaras pringosas** [58] y algún castaño. Varias rutas, equipadas con miradores y áreas recreativas, recorren esta zona de gran interés botánico y faunístico.

171. UN ESCARABAJO DE INDISCUTIBLE BELLEZA

Escarabajo batanero (*Polyphylla fullo*)

Mucho menos conocido que otros coleópteros de nuestra fauna, como el **ciervo volante** [103] o la **rosalia alpina** [117], a pesar de su atractivo diseño y su gran tamaño (puede medir unos 4 cm), este espectacular insecto resulta cada vez más escaso. Se incluye en la familia *Scarabaeidae*, junto con los colosales escarabajos Hércules y Goliat, de zonas tropicales. Tiene una mayor actividad al anochecer, entre los meses de junio y julio, cerca de pinares.

172. EL ARTE DE LA «INVISIBILIDAD»

Ocnerodes brunnerii

Con un inverosímil camuflaje, las cuatro especies de saltamontes de nuestra geografía incluidas en el género *Ocnerodes*, todas ellas incapaces de volar, confían su supervivencia a su mimetismo o «invisibilidad», pasando totalmente desapercibidas en el suelo. *Ocnerodes brunnerii* es endémico del centro y el este de la Península, en donde se puede localizar al comienzo del verano sobre sustratos yesíferos, en terrenos abiertos y soleados.

173. TODO DEPENDE DE SEGÚN CÓMO SE ILUMINE

Escorpión (*Buthus occitanus*)

Depende, todo depende, como cantaba Pau Donés. En este caso, de la luz con la que se ilumine y se mire. Así, los escorpiones más habituales en la Península, de costumbres nocturnas y de una coloración amarillenta, al ser alumbrados con luz ultravioleta destacan de una manera muy llamativa, al emitir una intensa fluorescencia; aunque hay diversas teorías científicas al respecto, se desconoce a día de hoy la posible utilidad de esta curiosa característica.

174. UNA ENORME ORUGA, DE LLAMATIVA COLORACIÓN

Esfinge de la lechetrezna (*Hyles euphorbiae*)

Muy probablemente sea la oruga de la esfinge de la lechetrezna una de las larvas más espectaculares de todos los lepidópteros de nuestra geografía, tanto por su destacado tamaño como por su atuendo multicolor. Esta especie de mariposa de hábitos nocturnos se extiende por buena parte de la Península y Baleares, siendo más fácil de detectar en zonas del litoral, allí donde prosperan en buen número sus plantas nutricias, las lechetreznas (del género *Euphorbia*), de las cuales las orugas adquieren una cierta toxicidad, como advierte su llamativo diseño. Prestando atención, en la época estival se puede ver en muy diversos lugares, como las playas situadas en torno al **Estrecho** [218] y las dunas de Liencres.

175. AL ENCUENTRO DE UNO DE NUESTROS INSECTOS MÁS PECULIARES >

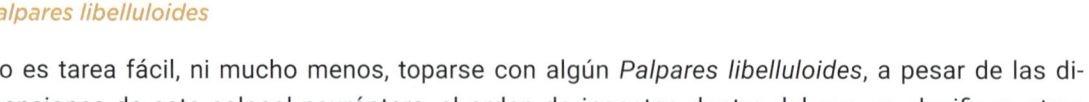

Palpares libelluloides

No es tarea fácil, ni mucho menos, toparse con algún *Palpares libelluloides*, a pesar de las dimensiones de este colosal neuróptero, el orden de insectos dentro del que se clasifican otras especies muy singulares, como la **nemóptera** [105] o los *Libelloides* [10]. Bien extendido por las zonas costeras mediterráneas de los Balcanes, Italia y Francia, en la Península este insecto es muy escaso, localizándose, de manera aislada, en contados puntos de la mitad este del ámbito ibérico. Los imagos (adultos) vuelan durante el mes de julio, casi siempre en zonas abiertas y soleadas de matorrales, desde el nivel del mar (en el entorno del **Cap de Creus** [203], por ejemplo) hasta enclaves de media montaña.

176. UNA CITA CON LA VÍA LÁCTEA, EN EL CORAZÓN DE LOS PIRINEOS

Valle de Gistaín y macizo del Posets (Huesca)

Es a lo largo de los meses de verano cuando la Vía Láctea luce, en las tibias noches estivales, de una manera más extraordinaria. Para contemplar con un mayor detalle nuestra galaxia —en la que se incluye el Sistema Solar—, es menester distanciarse todo lo posible de los grandes núcleos urbanos, desde donde es inviable apreciar los astros de la bóveda celeste.

Eligiendo una noche sin luna y con el cielo despejado, una propuesta inmejorable para deleitarnos con una velada astronómica, difícil de olvidar, consiste en internarse en el apartado valle de Gistaín, hasta alcanzar las *bordas* de Viadós. Desde estas vetustas cabañas de pastores, de enorme valía cultural y etnográfica, al caer la noche se pueden diferenciar miles y miles de estrellas. No habrá que esperar mucho para distinguir, con la vista ya acostumbrada a la oscuridad, la Vía Láctea alzándose sobre el macizo del Posets y el afilado Puntal de Barrau, en compañía de los glaciares del Eriste Gran y el Eriste Norte. Pocos rincones hay en nuestra geografía tan indicados como este recóndito valle del Pirineo oscense, libre de cualquier atisbo de contaminación lumínica, para ensimismarnos ante la inmensidad del universo.

Se puede pernoctar en una antigua *borda,* reconvertida desde hace años en un refugio de montaña guardado, situada justo en el límite del Parque Natural del Posets-Maladeta. Es posible iniciar diversos recorridos de senderismo desde este inmejorable punto de partida, como por ejemplo la ruta que asciende a los grandes ibones de Millares y Lenés, o seguir el trazado del GR-11 hasta el alcanzar el puerto de Chistau o de Estós (2.572 m).

177. LA ÚNICA ESPECIE REPRESENTANTE, EN NUESTRA FLORA, DE UNA FAMILIA TROPICAL

Oreja de oso (*Ramonda myconi*)

Los roquedos calizos del cuadrante nororiental de la Península, desde la alta montaña a las inmediaciones del litoral mediterráneo, custodian una de las joyas vegetales del continente europeo, la oreja de oso. Esta peculiar especie es la única representante, en la flora ibérica, de la familia *Gesneriaceae*, bien extendida por los trópicos; *Ramonda myconi* está más relacionada, de hecho, con determinadas plantas de latitudes lejanas, como las violetas africanas, que con cualquier otra especie de nuestra geografía.

La oreja de oso constituye uno de los emblemas florísticos de los Pirineos desde su descripción. Así, el nombre del género está dedicado al ilustre botánico francés Louis Ramond de Carbonnières, un apasionado e infatigable explorador de estas montañas a lo largo del último cuarto del siglo XVIII y comienzos del siglo XIX (encabezando, por ejemplo, la primera ascensión a la cumbre de Monte Perdido).

Ramonda myconi se distribuye sobre todo por la cordillera pirenaica y otras sierras cercanas, desde la localidad navarra de Burgi, por el oeste, hasta los parques naturales de la Muntanya de Montserrat y de Sant Llorenç del Munt i l'Obac, por el este. Su extremo meridional se localiza, sorprendentemente, muy cerca del **Delta del Ebro** [215], en la Serra de Montsià. Y existe también otro núcleo aislado, en los puertos de Tortosa, en el interior de Tarragona. No es difícil toparse con esta colorida planta, cuyas flores se abren desde finales de mayo hasta comienzos de agosto, habitualmente, en diversos parajes concretos como el **valle de Ordesa** [55], el cañón de Añisclo, la sierra de Guara, el Parc Natural del Cadí-Moixeró o los Cingles de Tavertet.

VERANO

178. UNA SUCESIÓN DE MARAVILLOSOS CAPRICHOS GEOLÓGICOS EN EL LITORAL CÁNTABRO

Costa Quebrada (Cantabria)

En el tramo costero que se extiende al oeste de Santander se concentra, en apenas 40 km, un sorprendente abanico de parajes de especial singularidad geológica y paisajística, con afilados acantilados, playas salvajes de arenas doradas, *urros* o islotes, crestas y agujas rocosas, dunas costeras, istmos y mucho más. De visita imprescindible son la playa de la Arnía y los urros de Liencres, la fotogénica playa de Covachos (en la imagen), con su icónico tómbolo, las dunas de Liencres, la playa de los Caballos, Pedruquíos y la playa de Somocuevas, la isla de la Virgen del Mar y el cabo Mayor. La declaración como Geoparque Mundial, por la UNESCO, respalda la importancia de este asombroso territorio.

179. AL ENCUENTRO, EN ALTA MAR, DE LAS GAVIOTAS QUE CRÍAN EN EL ÁRTICO

Gaviota de Sabine (*Xema sabini*)

Cada año, entre mediados de agosto y comienzos de octubre, a unas millas mar adentro de la costa gallega, tiene lugar el paso migratorio de las gaviotas de Sabine. Esta gaviota de hábitos pelágicos, que luce un elegante e inconfundible plumaje nupcial, realiza una de las migraciones más sorprendentes volando anualmente miles y miles de kilómetros desde sus territorios de cría, en la remota tundra ártica, hasta sus cuarteles de invernada, situados en aguas del Pacífico y del Atlántico Sur; las que eligen esta última ruta, procedentes de Groenlandia y Canadá, son las que pasan frente a nuestras costas, siendo posible su observación desde alguna embarcación o, más raramente, desde algún cabo [185 y 365].

180. LOS SORPRENDENTES VÍNCULOS ENTRE UNA MARIPOSA Y DETERMINADAS HORMIGAS

Hormiguera oscura (*Phengaris nausithous*)

Tal y como desvela y anticipa su nombre común, esta especie de mariposa está íntimamente relacionada con algunas hormigas, de las cuales depende por completo su supervivencia.

La hormiguera oscura es una de las mariposas más singulares y raras de nuestro país, donde se esparce por contadas localidades repartidas por unas pocas provincias de la mitad norte peninsular; su principal bastión, en concreto, se emplaza en el noreste de la provincia de León, en el Parque Regional Montaña de Riaño y Mampodre y sus inmediaciones. Su escasez, entre otros motivos, está ligada a sus particulares requerimientos de hábitat, ya que solamente vive en prados de siega en los que florece una planta concreta, la pimpinela, y en los que residen determinadas hormigas.

El ciclo de vida que ha desarrollado este discreto lepidóptero, a lo largo de la evolución, es realmente sorprendente. La hormiguera oscura deposita sus huevos, de manera exclusiva, en las flores de la pimpinela, de las cuales se alimentarán las larvas durante sus primeras semanas de vida, antes de dejarse caer al suelo, a finales de verano. En esas fechas, determinadas hormigas del género *Myrmica* recolectan «engañadas» las pequeñas orugas de las mariposas, transportándolas fatídicamente hasta su hormiguero, donde las orugas se alimentarán de las larvas de las hormigas hasta completar su desarrollo y convertirse en crisálidas. Los adultos o imagos emergen a finales de la primavera siguiente, alcanzando su periodo de mayor actividad durante el mes de julio, la época idónea para intentar toparse con esta joya alada de nuestra entomofauna.

181. REMONTANDO EL ÚLTIMO TRAMO DEL RÍO SOR

Ribeiras do Sor (A Coruña/Lugo)

Serpentea el río Sor, en su tramo final, esbozando una concatenación de acusados meandros, justo en el límite entre A Mariña Lucense y el extremo oriental de la provincia de A Coruña. Son varias las rutas que discurren emboscadas por este casi desconocido paisaje fluvial, como la que parte del área recreativa de Ulló y llega hasta el Ponte do Porto (sendero PR-G 212), pasando por un pintoresco puente colgante y un antiguo molino (el Muiño da Furada, reconvertido hoy en refugio, con unas mesas en sus alrededores). No dejará indiferente la visita a este bosque ripario, apenas transitado, permitiéndonos disfrutar de una biodiversidad única a lo largo de un entretenido recorrido.

182. EXCLUSIVO DE LA MITAD OCCIDENTAL DE LA PENÍNSULA

Tritón ibérico (*Lissotriton boscai*)

Fácil de diferenciar del resto de urodelos presentes en nuestro territorio, sobre todo por su conspicua coloración ventral (de intensas tonalidades anaranjadas o rojizas, con gruesas motas negras) y por su reducido tamaño (inferior a 10 cm, incluyendo la cola), el tritón ibérico se distribuye exclusivamente por la mitad oeste de la Península, desde la costa asturiana a **Doñana** [34]. A diferencia de otros anfibios, estrictamente nocturnos, suele estar activo a lo largo del día. Tiene preferencia por aguas remansadas, como pozas, pequeñas lagunas, estanques, pilones o fuentes. Algunos lugares para ir en su búsqueda son **Monfragüe** [287], las **Ribeiras do Sor** [181], las **Fragas do Eume** [167] o la **sierra de la Culebra** [234].

183. UNA DE LAS MÁS CÉLEBRES SEÑAS DE IDENTIDAD DE LOS PICOS DE EUROPA

Naranjo de Bulnes (Asturias)

Si hay una montaña icónica, en el conjunto de toda la cordillera Cantábrica, esa es el *Picu Urriellu* o Naranjo de Bulnes. Su inconfundible silueta, convertida en una de las señas de identidad de los Picos de Europa, sus gigantescas paredes verticales de roca caliza y su secular aislamiento, dada su remota ubicación, han ejercido desde siempre una irresistible atracción.

Casiano de Prado, un afamado geólogo, pionero en la exploración de varias cordilleras de la Península —incluyendo los Picos de Europa— se refirió a este coloso pétreo, en una de sus célebres crónicas publicada a mediados del siglo XIX, de la siguiente manera: «De todas estas peñas la única que en aquel país se tiene por inaccesible al hombre y aún a los rebecos es el Naranjo de Bulnes, magnífica pirámide cuya forma, vista desde la Torre de Llambrión, se parece mucho a la de un cono truncado, que es casi un cilindro». Es sin embargo la figura de Pedro Pidal, Marqués de Villaviciosa, la que está más ligada al Naranjo: él fue el primero en coronar esta escarpada cumbre, en 1904, escribiendo una de las páginas más insignes en la historia del alpinismo y la escalada en España. Acérrimo defensor de nuestras montañas y la naturaleza, este polifacético e ilustre personaje fue a su vez el impulsor del Parque Nacional de la Montaña de Covadonga, el primero en declararse en España, en 1918.

Desde dos enclaves concretos, situados ambos en el concejo de Cabrales, se obtienen unas vistas formidables de esta escarpada montaña: desde el mirador del Pozo de la Oración, junto a Poo, y desde el mirador de Pedro Udaondo Echevarría, muy próximo al pueblo de Asiegu, equipado este último con varios paneles interpretativos y una zona recreativa.

VERANO

184. NÓMADAS SOBRE LAS OLAS, A MERCED DE LOS VIENTOS
Migración otoñal de las aves marinas

Impulsadas por el instinto y por un asombroso sentido de la orientación, miles y miles de aves marinas pasan frente a nuestras costas a lo largo de los meses otoñales, volando incesantemente hacia latitudes más meridionales. En función de las condiciones del viento, en unas ocasiones este desfile ornitológico acontece unas millas mar adentro, mientras que en otras, las aves vuelan a escasos metros del litoral.

Durante unas semanas al año, entre agosto y octubre, fundamentalmente, coinciden en sus largos periplos oceánicos un sinfín de especies, procedentes de lugares muy diferentes: algunas acaban de concluir sus labores reproductoras en las costas del norte y noroeste de Europa (como, por ejemplo, las pardelas pichonetas, los págalos y los alcatraces) y otras, en cambio, se dirigen hacia sus lejanas colonias de nidificación, situadas en remotos archipiélagos del Atlántico Sur (como es el caso de la pardela capirotada —en la imagen— y de la pardela sombría); todas ellas volarán varios miles de kilómetros hasta llegar a su destino, a merced de los vientos y las tempestades, intercalando rápidos aleteos con hipnóticos planeos sobre las olas. Como apunta Antonio Sandoval, en su maravilloso libro *¿Para qué sirven las aves?*, estas incansables viajeras «son la viva imagen de la tenacidad».

Hay enclaves privilegiados para disfrutar de este trasiego ornitológico, realmente extraordinario los días de fuertes vientos de componente norte o noroeste: sobresale, por méritos propios, **Estaca de Bares** [185], junto a otros cabos gallegos, como **Touriñán** [365]; en Asturias destaca la Punta de La Vaca, en el cabo de Peñas; en Cantabria, los cabos de Ajo y Mayor pueden deparar jornadas memorables; al igual que el cabo Higer, en el extremo oriental de Gipuzkoa.

185. UN INMEJORABLE ENCLAVE PARA DISFRUTAR DE LAS AVES MARINAS

Estaca de Bares (A Coruña)

Entre agosto y diciembre, especialmente los días con vientos del noroeste o del norte, el espectáculo (¡y qué espectáculo!) está garantizado en la Estaca de Bares, el extremo septentrional de la Península: desde este punto se pueden registrar, en jornadas excepcionales, cifras mareantes de pardelas, págalos, alcatraces, charranes, gaviotas, álcidos, negrones y diversos limícolas. A medio kilómetro al este del faro se emplaza un observatorio, inaugurado en 1988, junto al cual se llegan a congregar decenas de amantes de las aves, para admirar el trasiego migratorio de cientos de miles de aves marinas.

186. UNA COLOSAL DUNA MÓVIL, DE MÁS DE UN KILÓMETRO DE LARGO

Complejo dunar de Corrubedo (A Coruña)

Ubicado entre las rías de Arousa, al sur, y de Muros y Noia, al norte, se emplaza uno de los espacios naturales más asombrosos de Galicia, conformado por la gran duna móvil de Corrubedo (la de mayores dimensiones de la región: con unos 250 m de ancho, unos 20 m de altura y más de 1 km de largo), diversas lagunas (como la de Vixán, de agua dulce, y la de Carregal, de agua salobre) y unas valiosas marismas costeras, que constituyen un imán para decenas de especies de aves. Para recorrer la zona evitando cualquier perjuicio, este Parque Natural cuenta con una red de senderos, habilitados con pasarelas, varios de los cuales se inician en el Centro de Recepción de Visitantes «Casa da Costa».

OTOÑO

187. ASCENSO AL CORAZÓN DE LA MONTAÑA PALENTINA

Pozo de las Lomas (Palencia)

Sobrepasada la cota de los dos mil metros de altitud, en una recóndita y casi oculta repisa, se esconde uno de los tesoros mejor guardados de la Montaña Palentina: el Pozo de las Lomas. La ascensión a esta fotogénica laguna, de azuladas y limpias aguas, nos permitirá admirar una de las huellas más nítidas que aún perduran del efecto y el modelado de los grandes glaciares, durante el Cuaternario, en este sector de la cordillera Cantábrica.

La ruta hacia el Pozo de las Lomas parte de la localidad de Cardaño de Arriba. Dejando a nuestras espaldas la imponente silueta del Espigüete, el itinerario (12 km, ida y vuelta), bien señalizado, se dirige hacia el norte. Diversas cascadas y saltos de agua acapararán el protagonismo, junto a varios bosquetes de abedules, en el primer tramo del recorrido. Pero no faltarán otros muchos alicientes naturalísticos a lo largo de la subida, incluyendo la posibilidad de localizar **perdices pardillas** [188] o alguna mariposa montañesa gigante *(Erebia palarica)*, endémica de la cordillera. Y no escasean, cerca de los arroyos, las **atrapamoscas** [131], una de nuestras plantas carnívoras más singulares.

Si se dispone de algo más de tiempo y fuerzas en las piernas, no hay que dejar pasar la ocasión de encaramarse al Mojón de las Tres Provincias (2.499 m), cumbre próxima en la que confluyen los límites de Palencia, León y Cantabria, o de coronar Peña Prieta (2.539 m), el pico más prominente del macizo de Fuentes Carrionas. Tras recuperar el aliento, la panorámica con la que nos obsequiará cualquiera de estas dos cimas será inolvidable; con permiso, eso sí, de las nubes que habitualmente envuelven estas elevaciones.

188. UNA DE NUESTRAS AVES MÁS ESQUIVAS
Perdiz pardilla *(Perdix perdix)*

Refugiada en contadas áreas de montaña del norte peninsular, desde la Serra do Caurel al Pirineo catalán, la perdiz pardilla es una de las aves más difíciles de observar. Antaño más abundante, durante las últimas décadas se ha constatado la desaparición de algunas de sus poblaciones, especialmente en el Sistema Ibérico y en diversos enclaves de la cordillera Cantábrica. En el *Libro Rojo de las Aves de España* se clasifica como «Vulnerable».

189. UN PECULIAR CARACOL, CON UNA CURIOSA DISTRIBUCIÓN
Caracol de Quimper *(Elona quimperiana)*

Este singular caracol, protegido a escala europea, tiene un área de distribución curiosamente fragmentada, localizándose en el norte de España (desde Galicia a Navarra, fundamentalmente) y en la Bretaña francesa. De hábitos nocturnos, vive en bosques húmedos y umbríos, donde se alimenta de hongos en la hojarasca del suelo y sobre los troncos. Se reconoce por su característica concha, aplanada y moteada.

190. TODOS LOS COLORES DEL OTOÑO
Arce de Montpellier *(Acer monspessulanum)*

Bien entrado el mes de octubre, los arces de Montpellier, unos árboles de discreto porte, lucen su aspecto más llamativo, exhibiendo en una variopinta paleta de tonalidades amarillentas, ocres, doradas y rojizas, todos los colores del otoño. Es más frecuente en la mitad oriental de la Península, llegando a formar pequeños rodales en algunas zonas, aunque habitualmente aparece entremezclado en bosques mixtos mediterráneos o subatlánticos.

OTOÑO

191. UNO DE LOS TESOROS FAUNÍSTICOS DE LOS PIRINEOS

Tritón pirenaico *(Calotriton asper)*

Los ríos, arroyos e ibones de limpias aguas de Pirineos dan cobijo a un singular anfibio endémico de esta cadena montañosa, cuya área de distribución abarca buena parte de la cordillera limítrofe entre España y Francia, desde tierras guipuzcoanas a La Jonquera, localidad que marca su límite oriental. Su periodo de actividad se extiende desde el comienzo de la primavera hasta mitad del otoño, momento en el que inicia un letargo o diapausa invernal. Entre otros muchos enclaves, este urodelo está presente en los torrentes de **Irati** [346], de la foz de Benasa, del valle de Hecho y la Selva de Oza, del **valle de Ordesa** [55], del **Alt Pirineu** [15], de **Aigüestortes** [137] y de la vertiente norte del Cadí.

192. SEÑALES INEQUÍVOCAS DE LA LLEGADA DEL OTOÑO

Quitameriendas *(Merendera montana)*

A finales de agosto, la irrupción del otoño es ya inminente. Así lo anuncia, con cierta antelación algunos años, la floración de la *Merendera montana,* una planta abundante, endémica de la Península y bien conocida, especialmente por las personas más ligadas al campo; así, ha ido recibiendo diversos nombres a lo largo y ancho de nuestra geografía, algunos tan ilustrativos como quitameriendas o espantapastores, aludiendo a cómo el cambio de tiempo y la menor duración de las horas de luz obligaba a los pastores a guardar antes a los rebaños. Esta planta bulbosa prospera, en mayor medida, en pastizales de collados y puertos de montaña, pero puede aparecer en zonas costeras, como sucede en Galicia o Asturias.

193. UNAS VISTOSAS FLORES QUE ANUNCIAN EL CAMBIO DE ESTACIÓN

Cebolla albarrana *(Urginea maritima)*

Son varias las especies de plantas que proclaman con su floración, en ocasiones con algo de premura, la llegada del otoño. Una de ellas es la cebolla albarrana, una inconfundible liliácea que a lo largo del mes de septiembre exhibe unas llamativas inflorescencias, con racimos adornados por decenas de blancas flores. Sus grandes y brillantes hojas, curiosa y atípicamente, se desarrollan más tarde, al final del otoño y durante el invierno. Incluida por algunos autores en el género *Drimia*, esta especie crece en una gran variedad de hábitats, siendo más frecuente en el suroeste y el sur de la Península, así como en algunas zonas del litoral levantino y de los archipiélagos de Baleares y Canarias.

194. LA DELICADA BELLEZA FLORÍSTICA DE APELLIDO OTOÑAL

Escila de otoño *(Scilla autumnalis)*

Como desvela acertadamente su epíteto o «apellido» científico, esta especie es otra de las plantas que florece en otoño. En función de las precipitaciones acumuladas durante los últimos días del verano, las escilas abrirán sus flores en unas fechas u otras; concretamente, desde finales de agosto hasta mediados de octubre. Las lluvias, al igual que sucede con casi todas las especies vegetales, determinarán a su vez el porte de los tallos florales de las escilas (que oscilan entre apenas 5 cm y más de 30 cm) y su abundancia. Prestando atención, es posible disfrutar de la delicada floración de la escila a lo largo y ancho de casi toda la península ibérica, estando también presente en las Islas Baleares.

OTOÑO

195. UNA ESCARPADA ISLA, TESTIGO DEL ASENTAMIENTO DE DISTINTAS CIVILIZACIONES

Isla del Fraile (Murcia)

Con unas temperaturas más suaves y con una menor afluencia de gente, los días soleados de los meses otoñales son idóneos para visitar la Isla del Fraile y sus alrededores, uno de los secretos mejor guardados de la Costa Cálida.

Este escarpado islote, cuya cumbre se alza casi cien metros de altura sobre el nivel del mar, se localiza frente a la costa de Águilas, cerca del extremo meridional del litoral murciano. Además de por sus valores naturales y paisajísticos, la Isla del Fraile destaca por su importancia arqueológica e histórica; fue declarada, de hecho, Bien de Interés Cultural con categoría de sitio histórico, debido a su colonización desde la época romana imperial. Está catalogada, asimismo, como Paisaje Protegido y se incluye en la Red Natura 2000, a través de la ZEC, «Islas e Islotes del Litoral Mediterráneo».

El acceso a la zona se realiza entre urbanizaciones costeras, a través de una carretera que finaliza en una rotonda, muy próxima a la Isla del Fraile. Desde aquí se baja a la playa Amarilla (muy concurrida en época estival), separada por una estrecha franja de mar del islote; extremando siempre la precaución, por las embarcaciones y las corrientes, si el oleaje lo permite es posible acercarse a nado a las inmediaciones de este peñón rocoso. Diferentes centros de buceo de Águilas ofrecen, por su parte, la posibilidad de realizar varias inmersiones en la Isla del Fraile —conocidas como la Pared Sur, La Cresta y el Mogote—, en las cuales no es difícil observar varias especies de anémonas, esponjas, nudibranquios, pulpos, caballitos de mar y numerosos peces, como morenas, congrios, meros e incluso rayas.

196. EL ÚNICO REPTIL ARBORÍCOLA DEL CONTINENTE EUROPEO

Camaleón común *(Chamaeleo chamaeleon)*

Solo una especie de camaleón, entre las más de 150 que existen a escala global, habita en Europa: el camaleón común. En el continente se encuentra en la península ibérica, Grecia y Turquía, extendiéndose además por el norte de África y por Oriente Próximo. En nuestra geografía se distribuye, fundamentalmente, por el litoral andaluz —Huelva, Cádiz, Málaga, Granada y Almería—, donde existen registros de su presencia desde hace al menos varios miles de años. Aparece en Ceuta y Melilla y existen también poblaciones, de origen incierto y claramente en expansión, entre Murcia y Alicante.

Tras la reproducción, que tiene lugar entre agosto y septiembre, a lo largo del otoño las hembras depositan los huevos en el suelo, excavando para ello una profunda galería. El camaleón es el único reptil de nuestra fauna de hábitos arborícolas, pasando la mayor parte del tiempo en las ramas de árboles y arbustos, fuera del alcance de sus posibles depredadores y al acecho de sus presas (insectos), que captura «lanzando» súbitamente su larga lengua.

Con paciencia, se puede encontrar a este singular reptil en el litoral de Rota (en el pinar de la Almadraba, junto a Los Corrales, o en el Jardín Botánico), en el Parque Natural de la Breña y Marismas del Barbate (en los pinares al oeste de Barbate), en las Dunas de Bolonia (en las pasarelas que conducen al mirador, por ejemplo), en la Charca de Suárez, en el Parque Regional de Calblanque, Monte de las Cenizas y Peña del Águila (en los alrededores del Centro de Visitantes de Las Cobaticas) o en **San Pedro del Pinatar** [313], entre otros enclaves.

OTOÑO

197. RUTA HACIA UNO DE LOS IBONES MÁS ESPECTACULARES DE PIRINEOS

Ibón de Estanés (Huesca)

Entre los centenares de ibones o lagos que salpican el Pirineo oscense, el de Estanés es uno de los más espectaculares. Situado en el Parque Natural de los Valles Occidentales, a escasos metros de la frontera con Francia, son varias las rutas que ascienden hasta este icónico ibón. Resulta muy atractiva la que se inicia en la vertiente francesa, pasado el puerto de Somport. El recorrido atraviesa en su primer tramo el *bois de Sansanet,* un magnífico hayedo-abetal, discurriendo posteriormente por amplias praderas, hasta alcanzar el ibón (1 h 30 min). Además de unas vistas sobresalientes, a lo largo de la ruta se observan **marmotas** [140], rebecos y diversas flores otoñales, como el **cardo de puerto** [212] o la **quitameriendas** [192].

198. UN RECORRIDO PAISAJÍSTICO POR EL ALTO NERVIÓN

Alto Nervión (Araba)

Emplazado en el extremo occidental del territorio alavés, en la linde con Burgos, el Alto Nervión bien merece una o varias visitas. Se recomienda recorrer la zona, sin prisas, con vehículo propio y a pie, realizando diversas paradas y rutas a lo largo del trayecto. La cercana **cascada de Gujuli** [91] puede resultar un inmejorable punto de inicio, visitando a continuación el mirador de Untza, al suroeste de este pequeño pueblo, para disfrutar de una completa panorámica de sierra Salvada y desde donde parte un poco transitado itinerario al afamado Salto del Nervión, la cascada más alta de España. Se recomienda finalizar el recorrido en el puerto de Orduña, en el límite con **Las Merindades** [78], pasando previamente por Delika.

199. UN PASEO FLUVIAL POR UNO DE LOS RÍOS SUBTERRÁNEOS MÁS LARGOS DE EUROPA

Coves de Sant Josep (Castellón)

La Vall d'Uixó, una de las cinco localidades más pobladas de la provincia de Castellón, atesora en el extremo occidental de su casco urbano una de las maravillas naturales de la geografía peninsular, las Grutas de San José o Coves de Sant Josep, convertidas hoy en el principal reclamo turístico para visitar este municipio.

Estas kilométricas galerías se recorren, por sorprendente que pueda parecer, en barca: un agradable paseo fluvial guiado por uno de los ríos subterráneos más largos del continente europeo permite ir explorando y conociendo las diferentes cavidades, salas y lagunas interiores, debidamente iluminadas; la visita dura cerca de 40 minutos, combinando un trayecto de unos 800 metros en barca con un tramo que se realiza andando, cómodamente, por una estrecha galería de unos 250 metros de longitud. La parte navegable es mucho más larga, aunque no se puede visitar. Conviene tener en cuenta que los días de fuertes lluvias (frecuentes en algunos otoños) las cuevas permanecen cerradas por motivos de seguridad.

Muy cerca, prácticamente colindando con estas sorprendentes galerías subterráneas, se localiza el Parc Natural de Serra d'Espadà, el segundo espacio protegido más extenso de la región, con un amplio abanico de rutas de senderismo. Entre otros atractivos, merecen una especial mención los excepcionales alcornocales que prosperan en esta abrupta serranía, en la que se alternan conglomerados, areniscas y arcillas rojas con dolomías y calizas. Además de los mencionados alcornoques y los abundantes pinos rodenos, en los barrancos más umbríos se dan cita otras especies arbóreas, muy escasas en las inmediaciones del litoral mediterráneo, incluyendo tejos, acebos, castaños, avellanos o serbales.

OTOÑO

200. EL HALCÓN QUE REGRESA AL MEDITERRÁNEO, CADA AÑO, DESDE MADAGASCAR

Halcón de Eleonora *(Falco eleonorae)*

Capaces de recorrer, anualmente, decenas de miles de kilómetros entre sus territorios de cría, repartidos sobre todo por el Mediterráneo, y sus cuarteles de invernada, situados en la remota isla de Madagascar, la ruta migratoria de esta elegante rapaz resulta más que fascinante, hasta el punto de que Francisco Bernis, uno de nuestros más ilustres ornitólogos, definió resumida y acertadamente su migración como «un largo y curioso periplo que no tiene parangón en ninguna otra ave migradora del Antiguo Mundo».

Alrededor de un millar de parejas conforma su población en España, repartida entre Baleares —en Ibiza, Mallorca, Sa Dragonera y el Parque Nacional Marítimo-Terrestre del Archipiélago de Cabrera—, las islas Columbretes y el archipiélago Chinijo, al norte de Lanzarote. Además de ser un hábil cazador de insectos al vuelo (escarabajos y libélulas, en mayor medida), con la llegada del otoño esta rapaz colonial se especializa en capturar pequeños paseriformes migrantes, para alimentar a su prole.

En nuestro país, en donde su población va en aumento, está presente desde finales de abril a comienzos de noviembre. Tras visitar durante la época prereproductora diversos parajes de la Península (en la serranía conquense y en el interior de Castellón, por ejemplo, se llegan a congregar decenas de individuos), a partir de julio y agosto los halcones de Eleonora se dirigen hacia sus inaccesibles lugares de cría, en acantilados e islotes marinos. **Sa Dragonera** [201] y la escarpada costa de **Formentor** [242] son lugares idóneos para observar a estas aves durante los meses de septiembre y octubre, disfrutando de su diversidad de plumajes, con individuos completamente oscuros y otros con las partes inferiores anaranjadas.

201. LA ISLA DE LOS DRAGONES

Sa Dragonera (Mallorca)

Bien distintas serían la historia y la biodiversidad de Sa Dragonera, una de las joyas naturalísticas del archipiélago balear, si a finales de los setenta del pasado siglo varios colectivos ecologistas no hubieran logrado frenar la especulación urbanística que amenazaba a este enclave, hoy declarado Parque Natural. Abundan las **lagartijas baleares** [237], pequeños «dragones» endémicos, así como el **halcón de Eleonora** [200]. Se accede en barco desde Sant Elm o Andratx.

202. LA ÚNICA TORTUGA MARINA DE NUESTRAS PLAYAS

Tortuga boba *(Caretta caretta)*

Seis de las siete especies de tortugas marinas existentes en el mundo se han registrado en España, si bien solo una de ellas anida en nuestras playas, la tortuga boba. Se considera abundante en diversas zonas del Mediterráneo, como en el mar de Alborán o en los alrededores de Baleares, así como en Canarias. Durante los últimos años se están localizando nidos en diversas provincias bañadas por el Mediterráneo.

203. EL CONFÍN ORIENTAL DE LA PENÍNSULA

Cap de Creus (Girona)

Moldeada por la tramontana, ese inclemente viento que arrecia desde el norte, y por el oleaje y la salinidad del Mediterráneo, la abrupta costa del cabo de Creus, el extremo oriental de la Península, esconde paisajes de insólita belleza, rodeados de exuberantes fondos marinos tapizados de praderas de posidonia y corales rojos. Desde Cadaqués y desde otras localidades cercanas parten diversos itinerarios para explorar el Parque Natural.

OTOÑO

204. LA BERREA, UN INCOMPARABLE ESPECTÁCULO SONORO Y VISUAL

Ciervo *(Cervus elaphus)*

A lo largo de septiembre y octubre, tras las esperadas lluvias que anuncian el cambio de estación, se inicia la berrea del ciervo. Durante este intenso periodo del año, los sobrecogedores bramidos de los grandes venados en celo rompen, al ocaso y con la llegada del alba, la quietud de las dehesas agostadas y los montes ibéricos. Se suceden en estas fechas tensos combates y enfrentamientos entre los venados dominantes, aquellos que ostentan las cornamentas más extraordinarias, en una infinidad de parajes, como las dehesas de **Cabañeros** [302], de Montes de Toledo (en Quintos de Mora, por ejemplo), de **Andújar** [301] y de **Monfragüe** [287], las cumbres de la **Demanda** [271] o los brezales de la **sierra de la Culebra** [234].

205. RECLUIDO A LOS CARRIZALES MANCHEGOS Y DEL VALLE DEL EBRO >

Bigotudo *(Panurus biarmicus)*

Confinado en nuestro país en menos de una treintena de humedales, el inconfundible bigotudo es uno de los paseriformes más ligados a los carrizales y la vegetación palustre, frágiles ecosistemas de los que depende enteramente para nidificar y alimentarse. Su población peninsular se divide en dos grandes núcleos: La Mancha Húmeda —con poblaciones en las Tablas de Daimiel, el **complejo lagunar de Alcázar de San Juan** [100], El Taray y Manjavacas, entre otros enclaves— y el valle del Ebro (desde el embalse leridano de Utxesa a la laguna de Laguardia, pasando por destacados humedales como Pitillas y las Cañas, en Navarra). Es una especie gregaria, moviéndose casi siempre por los carrizales en pequeños grupos familiares.

206. LA OCTAVA ISLA CANARIA
La Graciosa (Islas Canarias)

Separada del litoral de Lanzarote por un estrecho brazo de mar, conocido como «El Río», de apenas un kilómetro de ancho, La Graciosa es la más grande de las islas Chinijo, un casi desconocido y valioso archipiélago integrado a su vez por Alegranza, Montaña Clara y otros islotes de menores dimensiones, como el Roque del Este; todas estas islas, junto con la costa noroccidental de Lanzarote, conforman en conjunto el primer Parque Natural declarado en Canarias, el del Archipiélago Chinijo, en donde nidifican aves marinas tan singulares como el **paíño pechialbo** [108] y el **petrel de Bulwer** [159]. Sin carreteras ni asfalto, La Graciosa es una isla idónea para desconectar, especialmente durante el otoño.

207. UNA LAGUNA LITORAL DE INSÓLITA COLORACIÓN
Charco de los Clicos (Lanzarote)

El Parque Natural de Los Volcanes, un singular espacio protegido que rodea íntegramente el afamado Parque Nacional de **Timanfaya** [315], atesora un rosario de enclaves de especial atractivo geomorfológico y paisajístico, como el Charco de los Clicos, conocido también como el Charco Verde o la laguna de El Golfo. Fuera del periodo veraniego, época en la que la isla de Lanzarote atrae a un mayor número de visitantes, bien merece una sosegada visita esta curiosa laguna litoral de intensa coloración verdosa, separada de las agitadas aguas del Atlántico por la amplia berma de la playa volcánica del Golfo, situada en la costa occidental del municipio de Yaiza, al sur de la localidad de El Golfo.

208. EXPLORANDO LA ESCARPADA SIERRA QUE NACE A ORILLAS DEL MEDITERRÁNEO

Serra de Tramuntana (Mallorca)

De punta a punta de la isla, a lo largo de toda la costa noroeste de Mallorca, se extiende la escarpada y sorprendente sierra de Tramuntana. Es en este macizo calcáreo, a orillas del Mediterráneo, donde se yerguen las más altas cumbres del archipiélago balear, entre las que sobresale el Puig Major, cuya cima se eleva hasta los 1.436 metros sobre el nivel del mar, a una distancia de menos de 4 km del litoral. Una infinidad de rutas recorren esta sierra mallorquina, cuyo paisaje cultural fue declarado por la UNESCO Patrimonio Mundial. Entre otras joyas naturales, destaca la presencia de endemismos como el escaso ferreret o la atractiva *Paeonia cambessedesii* (que florece en el mes de marzo).

209. UNA FOTOGÉNICA PLAYA, REPARTIDA ENTRE DOS PROVINCIAS

Cala de los Cocedores (Murcia/Almería)

Justo en la linde entre el territorio murciano y la provincia de Almería se ubica la cala de los Cocedores o cala Cerrada. Se reparte, por tanto, este atractivo paraje del litoral del sureste peninsular entre dos municipios: Águilas, el más meridional de la Región de Murcia, y Pulpí, en Almería, con una creciente fama por su espectacular geoda. Buena parte de esta playa arenosa, parapetada por abruptos acantilados, se incluye dentro del Paisaje Protegido y la Zona Especial de Conservación «Cuatro Calas», en Murcia, un espacio natural que alberga una fascinante biodiversidad, siendo posible observar diversas aves, como la **collalba negra** [292] y la **terrera marismeña** [85], y reptiles como la **tortuga mora** [41] y la lagartija colirroja.

OTOÑO

210. AZAFRANES OTOÑALES
Azafrán montesino (Crocus serotinus)

Exclusiva de la Península y el noroeste de África, esta especie de azafrán florece a lo largo del otoño en el interior de bosques, prados y terrenos pedregosos, desde el nivel del mar a zonas de montaña. Otras seis especies de azafranes silvestres se dan cita en nuestro país, como el **azafrán serrano** [308], cuyas flores emergen al final del invierno, o el azafrán balear, que prospera únicamente en las islas de Mallorca y Menorca.

211. UNA JOYA FLORÍSTICA PARA DESPEDIR EL VERANO
Campanillas de otoño (Leucojum autumnale)

Esta delicada especie florece a finales de verano y al comienzo del otoño, de manera esparcida por diversos enclaves del oeste y el sur de la Península, así como en Baleares. Se puede localizar en lugares tan dispares como las dehesas de **Monfragüe** [287], los pinares de **Andújar** [301], los arenales de **Doñana** [34] o incluso en las **Islas Cíes** [168]. No está clara su situación taxonómica, incluyéndose por algunos investigadores en el género *Acis*.

212. LAS FLORES PROTECTORAS
Cardo de puerto (Carlina acaulis)

Según cuentan la mitología vasca y diversas leyendas del norte peninsular, se atribuyen propiedades mágicas al cardo de puerto o *eguzkilore*, «flor del sol», motivo por el cual se han colgado tradicionalmente sus flores secas en las puertas de algunas casas, con el fin de espantar a las tormentas, a los malos espíritus y a las brujas. Prospera en las montañas del centro y el sur de Europa, siendo abundante en algunas zonas de Pirineos.

213. UN NOMBRE MÁS QUE ACERTADO

Picogordo *(Coccothraustes coccothraustes)*

A pesar de su vistoso aspecto y su tamaño (unos 18 cm), no resulta nada sencillo observar y fotografiar al mayor de nuestros fringílidos, dados sus tímidos y silenciosos hábitos. Este paseriforme, de acertado nombre vulgar, se alimenta principalmente de semillas de grandes dimensiones, cuya cáscara puede partir con facilidad, gracias a su potente y voluminoso pico. Como nidificante, presenta una distribución muy fragmentada en la península ibérica, siendo más frecuente en el oeste (especialmente en Extremadura, Castilla y León, parte de Andalucía y el occidente manchego) y en determinadas zonas de Cataluña. Con la llegada del otoño, nuestro país recibe la llegada de numerosos picogordos invernantes, procedentes del continente europeo.

214. UNA INCONFUNDIBLE SILUETA, DE CASI 3 METROS DE ENVERGADURA

Quebrantahuesos *(Gypaetus barbatus)*

Coincidiendo con la caída de las primeras nieves otoñales, los más altos roquedos pirenaicos son testigo del cortejo del quebrantahuesos. Durante unas pocas semanas al año, desafiando a las inclemencias del tiempo, las parejas adultas se exhiben realizando vuelos en círculo y en picado, entrelazando sus patas en el aire mientras se dejan caer unos metros. Pirineos constituye el principal bastión en el conjunto del territorio europeo de este extraordinario buitre, especializado en alimentarse de restos óseos. Los miradores de Revilla son un inmejorable oteadero para disfrutar, sobre las gargantas de Escuaín, de las idas y venidas de esta simbólica ave, de inconfundible silueta.

215. EL TERCER HUMEDAL MÁS EXTENSO DEL MEDITERRÁNEO
Delta del Ebro (Tarragona)

Solo superado en la cuenca mediterránea, en extensión, por los deltas del Nilo y del Danubio, el delta que forma en su desembocadura el Ebro constituye uno de los espacios protegidos más relevantes de nuestro territorio. Al amparo de diversas figuras de protección (desde Parque Natural a Reserva de la Biosfera), una amalgama de diferentes paisajes y ecosistemas, como arrozales, lagunas, playas, dunas, bahías, salinas, carrizales y bosques de ribera, dan cobijo a numerosas especies de aves a lo largo de todo el año. En un recorrido de un fin de semana por este humedal es casi imprescindible parar en l'Encanyissada, la Tancada, Riet Vell, l'Alfacada, Goleró, la Punta del Fangar y la Punta de la Banya.

216. LA MAYOR LAGUNA COSTERA DEL LITORAL LEVANTINO
La Albufera (Valencia)

Fueron los musulmanes, hace más de un milenio, quienes bautizaron a la mayor laguna costera de Levante con el término *al-Buhaira* o «pequeño mar», del cual deriva albufera. Se referían también los árabes a este gran lago, en sus versos, como el espejo del sol, posiblemente por el innegable encanto de los atardeceres en este humedal valenciano. El Centro de Interpretación Racó de l'Olla (abierto en horario de mañana), que cuenta con diversos senderos, pasarelas y observatorios de aves, es un excelente punto de partida para conocer este Parque Natural y sus diferentes ambientes. Muy cerca, en El Palmar (así como desde El Saler, Silla y Sollana), se pueden contratar paseos guiados en embarcaciones tradicionales.

217. EL ASOMBROSO PATRIMONIO GEOLÓGICO DE LAS VILLUERCAS
Las Villuercas (Cáceres)

El otoño y la primavera, con unas temperaturas más benignas, resultan estaciones idóneas para explorar el conjunto de afiladas serranías, dehesas y encinares del sureste de la provincia de Cáceres, recorriendo por ejemplo las diferentes etapas del Camino Natural de Las Villuercas. Dados sus valores geológicos y paleontológicos, se obtuvo la declaración del Geoparque Mundial «Villuercas-Ibores-Jara» por la UNESCO, en el cual se han identificado más de 50 geositios: como el Risco de La Villuerca, el Sinclinal de Santa Lucía, el estrecho de la Peña Amarilla, la Mina Costanaza o la asombrosa cueva de Castañar, Monumento Natural. Estos antiguos relieves albergan, además, la mayor concentración de pinturas rupestres de Extremadura.

218. ALLÍ DONDE SE JUNTAN EL MEDITERRÁNEO Y EL ATLÁNTICO
El Estrecho (Cádiz)

A ambos lados de Tarifa, localidad que marca el confín meridional de la Península, este parque natural marítimo-terrestre protege un amplio tramo del litoral gaditano, desde el faro de Camarinal, a orillas del Atlántico, a la punta de San García, bañada por el Mediterráneo. El Estrecho ofrece, además de unas vistas únicas del cercano continente africano, la posibilidad de disfrutar de la naturaleza por tierra, mar y aire. Admirar la duna de Bolonia, moldeada por los incesantes vientos de levante, embarcarse en búsqueda de cetáceos, bucear en los alrededores de la isla de Tarifa o presenciar la **migración postnupcial de rapaces** [238], rumbo a África, son solo algunas de las numerosas propuestas para descubrir este espacio natural andaluz.

OTOÑO

219. MUCHO MÁS QUE UN EXCELENTE MIRADOR

Peña de Francia (Salamanca)

Desde la Peña de Francia, una prominente atalaya cuarcítica, la mirada se pierde entre un suave mar de cumbres y cerros, hasta donde alcanza la vista. Esta elevación constituye un buen punto de inicio para visitar el Parque Natural de Las Batuecas-Sierra de Francia, en el sur de Salamanca, en la linde con Las Hurdes. Entre otras muchas especies de fauna y flora, la escasa **lagartija batueca** [149] y las **cabras montesas** [222] son dos de las más representativas.

220. DESDE LA COSTA A ZONAS DE MONTAÑA

Nutria *(Lutra lutra)*

Durante las últimas décadas, por fortuna, las poblaciones de nutria parecen ir recuperándose en nuestro país. A lo largo del otoño y el invierno este mustélido resulta algo menos esquivo, siendo posible su observación en diversos enclaves de la geografía ibérica, desde la costa a zonas de montaña, como por ejemplo la ría de Ortigueira; la Portilla del Tiétar, en **Monfragüe** [287]; o los alrededores de la presa del Encinarejo, en **Andújar** [301].

221. PUERTA DE ENTRADA AL SAJA-BESAYA

Montes de Ucieda (Cantabria)

Situados en su extremo septentrional, los densos bosques de Ucieda dan acceso al Parque Natural del Saja-Besaya, el más extenso de los seis parques naturales cántabros. Varios itinerarios, como el «Sendero adaptado del río Bayones», permiten adentrarse en este sobrecogedor robledal, refugio de numerosos ejemplares centenarios de robles albares o carballos, densamente recubiertos de musgos, líquenes y helechos epífitos.

222. TESTARAZOS OTOÑALES
Cabra montés *(Capra pyrenaica)*

Es en noviembre, coincidiendo habitualmente con la llegada del frío a las zonas de montaña, cuando se produce el momento álgido del celo de las cabras montesas. Solo durante unos pocos días al año, en estas fechas, es posible presenciar los tensos combates entre los grandes machos monteses, intentando establecer una jerarquía en el rebaño: para ello, los ejemplares de mayor edad, aquellos que ostentan los cuernos más llamativos, se enfrentan sin tregua, embistiéndose y atestándose sonoros testarazos.

A pesar de resultar hoy en día abundante en muchas serranías de nuestra geografía, este ungulado, exclusivo del territorio ibérico, estuvo al borde de la extinción a comienzos del siglo pasado debido a la intensa persecución cinegética que sufrió, llegando a desaparecer de muchos enclaves; en Gredos, por ejemplo, en 1905 se estimó que quedaban unos 10 ejemplares.

Bien distinta es su situación actual, tras su protección y reintroducción en diversos parajes de montaña, ascendiendo su tamaño de población a varias decenas de miles de cabras montesas, pertenecientes a dos subespecies distintas: *Capra pyrenaica hispanica* (presente en las sierras del este y el sur del ámbito ibérico) y *Capra pyrenaica victoriae* (restringida al Sistema Central y a otras zonas montañosas del norte). Sus principales poblaciones se ubican en **Sierra Nevada** [163], en Gredos (abunda entre La Plataforma y la Laguna Grande, por ejemplo), en la sierra de Guadarrama (es fácil de ver en La Najarra y en otras cumbres de la Cuerda Larga), en el Maestrazgo, en la Serranía de Ronda, en las sierras de Grazalema, Cazorla, Tejeda, Almijara y Antequera, y en la Muela de Cortes.

223. EL OTOÑO, EN SU APOGEO, DE UN EXTREMO A OTRO DE LOS PIRINEOS

Bosques mixtos de los Pirineos

A lo largo y ancho de la cordillera pirenaica se esparcen incontables arboledas mágicas, que alcanzan su éxtasis cromático en el ecuador del otoño. En esta estación todas las miradas se dirigen, y con razón, a los bosques mixtos en los que se entremezclan diversos árboles caducifolios con varias coníferas, como el abeto (recluido, en nuestro territorio, a los Pirineos) y los pinos silvestre y negro.

Los destinos y lugares a anotar en la agenda, para hacer una escapada entre mediados de octubre y mediados de noviembre, son por suerte numerosos: en Navarra, además de la afamada **Selva de Irati** [346], el valle de Belagua atesora valiosos bosques mixtos, como el de Aztaparreta; en Huesca destacan el barranco de Gamueta (entre los refugios de Zuriza y Linza), la Selva de Oza y los diferentes valles o sectores del Parque Nacional de Ordesa y Monte Perdido; y en Cataluña, entre otros enclaves, el bosque de Carlac y el bosque de Conangles, en la **Val d'Arán** [232], resultan de visita imprescindible.

Por su atractivo insuperable, merecen una mención especial las laderas revestidas de densos bosques de uno de los rincones más pintorescos de los Pirineos, situado entre los valles de Broto y de Vió. Los 12 kilómetros que separan, por carretera, las localidades de Sarvisé y Fanlo ofrecen la posibilidad de realizar diversas paradas, para deleitarse, el tiempo que se requiera, ante una estampa difícil de describir. El sendero GR-15 permite descubrir, desde dentro, alguno de estos parajes, como el bosque de la Pardina del Señor, donde las hayas y abetos se ven acompañados por robles pubescentes, avellanos, temblones, arces de varias especies, cerezos, serbales, tilos, pinos silvestres, olmos y tejos.

224. UNOS COLORIDOS Y TÓXICOS FRUTOS

Bonetero *(Euonymus europaeus)*

El otoño, gracias a la presencia de sus tóxicos frutos rosados, fácilmente reconocibles, es la mejor época para localizar a este pequeño arbolillo, que rara vez sobrepasa los tres metros de altura. Crece en claros y bordes de bosques caducifolios, de manera salteada por zonas de montaña de la mitad norte peninsular. Es uno de los contados representantes de nuestra flora incluido en la familia *Celastraceae,* más propia de latitudes tropicales.

225. PRELUDIO DE LOS MESES MÁS FRÍOS

Acebo *(Ilex aquifolium)*

Mediada la estación otoñal, o incluso antes, maduran los frutos de los acebos, preludiando la llegada de los meses más fríos del año. Este pequeño árbol, de hojas brillantes y espinosas, suele crecer aislado o en pequeños rodales, si bien en determinados parajes del norte y el centro de la Península llega a formar densas **acebedas** [341], como ocurre en **Os Ancares** [3], en San Mamede, en la **sierra de Cebollera** [269] o en la sierra de Guadarrama.

226. UNA VALIOSA DESPENSA OTOÑAL

Serbal de cazadores *(Sorbus aucuparia)*

Aunque llega a alcanzar los 15 m de altura, este modesto árbol suele medir unos pocos metros. Desde finales de verano exhiben sus vistosos frutos o pomos, de intensas tonalidades anaranjadas y rojas, los cuales constituyen una excelente despensa para numerosas aves (atrayendo especialmente a túrdidos, como los mirlos y zorzales, y currucas). Se desarrolla en zonas de montaña, por el centro y el tercio norte peninsular.

OTOÑO

227. DESDE LOS ISLOTES COSTEROS A LA CUMBRE DEL TEIDE
Lagarto tizón *(Gallotia galloti)*

Son siete las especies existentes en la actualidad incluidas en el género endémico *Gallotia*, exclusivo del archipiélago canario. Entre ellas se encuentran los lagartos gigantes, los lacértidos de mayores dimensiones, algunos de los cuales han protagonizado emocionantes redescubrimientos a lo largo de las últimas décadas, confirmándose la presencia de saurios colosales allí donde se consideraban extintos, como en El Hierro, en Tenerife y en La Gomera. El lagarto tizón, de porte mediano y bien extendido por Tenerife y La Palma, resulta mucho más abundante y fácil de observar a lo largo de todo el año, desde el nivel del mar hasta la cumbre del Teide. Los machos son mayores y de coloración negruzca, con manchas azuladas y/o amarillentas.

228. NAVEGANDO ENTRE DELFINES
Delfín común *(Delphinus delphis)*

Con una amplia distribución, a escala global, repartida por los océanos Atlántico y Pacífico, el delfín común es uno de los cetáceos más habituales en nuestro litoral, junto con el delfín mular. Son unos mamíferos marinos muy gregarios, llegando a juntarse en grupos de varios cientos de individuos; pocas experiencias hay tan emocionantes como la de navegar rodeados por decenas y decenas de delfines comunes, jugando y saltando junto a la proa. Alcanzan un tamaño superior a los dos metros y se reconocen fácilmente por su dorso gris oscuro, en contraste con la coloración amarillenta o dorada de los laterales. Abundan en el litoral gallego, en torno al **Estrecho** [218] y en el mar de Alborán.

229. RESTRINGIDO A LAS MONTAÑAS SILÍCEAS

Cryptogramma crispa

Restringido, en nuestro país, a las principales cordilleras de la mitad norte de la Península, así como a **Sierra Nevada** [163], *Cryptogramma crispa* se desarrolla en zonas rocosas y gleras de alta montaña, evitando por norma las sierras y roquedos calizos. Es uno de nuestros helechos capaces de prosperar a mayor cota, allí donde la nieve permanece durante buena parte del año, alcanzando en Pirineos altitudes de hasta 3.000 metros.

230. UNA DESCONOCIDA LADERA, TEÑIDA DE ROJO

Cornicabral de Robledo de Chavela

Muy cerca de la cumbre de la Almenara, uno de los extremos de la sierra de Guadarrama, se emplaza el único cornicabral del territorio madrileño. A lo largo del mes de noviembre las cornicabras, un pequeño árbol que rara vez forma bosquetes o rodales (salvo en contadas excepciones, como ocurre en sierra Mágina), exhiben su coloración más llamativa, tiñendo de rojo la ladera oriental del Alto de Navahonda, en Robledo de Chavela.

231. TOPÓNIMOS CON NOMBRES DE HELECHOS

Píjara *(Woodwardia radicans)*

Con unas grandes frondes colgantes, que llegan a alcanzar los dos metros y medio, este colosal helecho es uno de nuestros pteridófitos más espectaculares. Se distribuye por la cornisa Cantábrica y el litoral gallego, así como por Canarias, donde establece poblaciones numerosas; en algunas zonas es tal su abundancia, de hecho, que llega a formar parte de la toponimia local, como ocurre en *El Pijaral,* un fascinante paraje de la península de Anaga.

232. POR LA VERTIENTE SEPTENTRIONAL DE PIRINEOS

Val d'Arán (Lleida)

Todo, en la Val d'Arán, es especial. Su rica cultura, su fascinante historia, su singular orografía y, por supuesto, su valiosa naturaleza, conforman en conjunto las señas de identidad del único territorio de nuestro país situado en la vertiente septentrional de la cordillera pirenaica. El curso alto del río Garona, desde su nacimiento en esta comarca del noroeste de Cataluña, recorre y vertebra la Val d'Arán, hasta adentrarse en tierras francesas. Entre otras joyas, sobresalen especies como la **lagartija aranesa** [148], el **tritón pirenaico** [191], el urogallo, el **quebrantahuesos** [214], el pico mediano, el cavilat y la **rosalia alpina** [117], además de una de las mejores poblaciones de **osos pardos** [119] de los Pirineos.

233. EL ÚNICO CASTAÑAR DE LA REGIÓN MADRILEÑA

Embalse de los Morales (Comunidad de Madrid)

Más frecuentes y extendidos en otras regiones de la geografía ibérica, especialmente a lo largo de toda la cornisa Cantábrica y en el interior de Girona, los castaños resultan sumamente escasos en el centro peninsular. Así, en el ámbito madrileño únicamente se puede contemplar un bosque en el que los castaños son protagonistas: el que se esparce por las laderas del alto del Mirlo o pico Casillas, en las estribaciones orientales de Gredos, muy cerca del extremo suroeste de la región. Es a mediados de noviembre cuando sus hojas lucen una coloración más intensa, siendo estas las fechas idóneas para recorrer la Senda Verde que rodea el embalse de los Morales (3,3 km, sin apenas desnivel).

234. A LA ESPERA DEL LOBO

Sierra de la Culebra (Zamora)

Los amaneceres otoñales en la alomada sierra de la Culebra, incluso antes de que las habituales nieblas den paso a las heladas del invierno, suelen ser muy fríos. Pocas experiencias puede haber tan emocionantes, sin embargo, como la de apostarse desde el alba, casi inmóviles y en silencio, a la espera del lobo; el crepúsculo o lubricán, uno de los momentos predilectos de estos esquivos carnívoros, puede brindarnos una recompensa difícil de olvidar. Entre otros enclaves, entre Boya y San Pedro de las Herrerías parte una pista hacia el noroeste, en paralelo al trazado ferroviario, desde donde se puede otear (con ayuda de buena óptica) un amplio páramo frecuentado por ciervos, en búsqueda de algún grupo familiar de lobos.

235. REFUGIO DE LA MAYOR COLONIA EUROPEA DE BUITRES LEONADOS

Hoces del Duratón (Segovia)

En el Parque Natural de las Hoces del Río Duratón casi todas las miradas se las llevan las idas y venidas de los buitres leonados. Y no es para menos, ya que los escarpes calizos de este espacio protegido segoviano dan cobijo a la mayor colonia de esta ave carroñera de todo el continente europeo, con un creciente número de varios centenares de parejas. Sin embargo, en las hoces labradas por este afluente del Duero y en sus parameras cercanas se dan cita muchas otras especies de enorme interés, desde la escasa **alondra ricotí** [27] a una amplia variedad de orquídeas (entre abril y mayo). Además de pasear por los alrededores de la ermita de San Frutos, resulta muy recomendable recorrer la «Senda de los Dos Ríos».

OTOÑO

236. UNA ELEGANTE GAVIOTA, EXCLUSIVA DEL MEDITERRÁNEO

Gaviota de Audouin (*Larus audouinii*)

Hasta 25 especies diferentes de gaviotas se han registrado en nuestro país, una cifra realmente notable. Varias de ellas se han localizado, no obstante, en contadas ocasiones, y otras solo se pueden observar en determinadas fechas, como ocurre con la fascinante **gaviota de Sabine** [179]. No es el caso de la gaviota de Audouin, presente durante todo el año en nuestro territorio, siempre cerca de las costas mediterráneas.

Esta elegante gaviota fue descubierta y descrita en la isla de Córcega, en 1826, por Charles Payraudeau, un naturalista francés discípulo de Lamarck, quien bautizó a esta ave en honor a su colega y compatriota Jean Victor Audouin, un reconocido ornitólogo de la época. En nuestro país, principal bastión de esta especie a escala global, además de ser habitual en el archipiélago balear nidifica en otras islas e islotes (como las Columbretes, Alborán, Alhucemas y Chafarinas) y en varios enclaves del litoral peninsular, entre Barcelona y Murcia, destacando por su importancia el **Delta del Ebro** [215] y diversos puertos costeros. Fuera de España (donde se concentra en torno al 80-90 % de su población mundial), se distribuye exclusivamente por otros países de la cuenca mediterránea, con la excepción de una colonia de cría establecida en el Algarve portugués, hace no mucho.

De porte mediano, la gaviota de Audouin es fácil de reconocer por su pico rojo oscuro, adornado con una franja negra cerca de la punta, y por su dorso de color gris plateado, que apenas contrasta con su cabeza y las zonas ventrales, de tonalidades blancas.

237. RESTRINGIDA A ALGUNAS PEQUEÑAS ISLAS E ISLOTES DEL ARCHIPIÉLAGO BALEAR

Lagartija balear *(Podarcis lilfordi)*

Desaparecida de Mallorca y Menorca como consecuencia de la introducción de diversos depredadores por parte del ser humano, la lagartija balear ha sobrevivido hasta nuestros días aislada y acantonada en pequeños islotes cercanos a estas dos islas mencionadas —como **Sa Dragonera** [201], Malgrats, Toro, Aire, Colom o Sargantana—, estando presente a su vez en las diecisiete islas que conforman el archipiélago de Cabrera. Junto con su congénere la vecina lagartija de la Pitiusas *(Podarcis pityusensis)*, exclusiva de Ibiza y Formentera, son los dos únicos reptiles autóctonos de Baleares.

Se encuentran activas durante todo el año y no suelen ser difíciles de observar en las islas en las que están presentes, resultando en ocasiones muy confiadas. Como consecuencia del aislamiento de las diferentes poblaciones, se han descrito varias subespecies, muy diferentes unas de otras en lo que respecta a la coloración, el diseño y el tamaño. A diferencia de los lacértidos de la Península, las lagartijas baleares tienen una dieta omnívora, consumiendo de manera habitual hojas, brotes tiernos, flores, frutos e incluso néctar y polen (se ha constatado, curiosamente, que actúan como polinizadores al igual que los insectos, al visitar distintas flores).

A pesar de que localmente puede resultar abundante, debido a su reducida área de distribución, a la fragmentación de sus poblaciones y al declive que han sufrido en algunas islas, esta lagartija endémica de Baleares se incluye en la categoría «En Peligro», tanto en la lista elaborada por la UICN (Unión Internacional para la Conservación de la Naturaleza) como en el *Atlas y Libro Rojo de los Anfibios y Reptiles de España*.

238. LA GRAN MIGRACIÓN A ÁFRICA

Migración postnupcial en el Estrecho

En el Estrecho, esos apenas 14 km que separan Europa de África, se concentra durante unas pocas semanas al año el paso migratorio de cientos de miles de aves. A merced de los vientos, las grandes planeadoras —sobre todo, cigüeñas blancas y negras, milanos negros, culebreras (en la imagen), águilas calzadas y abejeros— esperan el momento idóneo para cruzar de un continente a otro, entre agosto y octubre, rumbo a sus territorios de invernada.

239. EL ENCUENTRO ENTRE DOS MARES

Cabo Ortegal (A Coruña)

Entre los vertiginosos acantilados de Vixía Herbeira —donde la sierra de A Capelada se desploma bruscamente al mar— y la ría de Ortigueira, emerge el cabo Ortegal, el saliente pétreo que marca la divisoria, o el punto de encuentro, entre las aguas del Cantábrico y el Atlántico. Una mención especial merecen «Os Aguillóns», tres afilados islotes próximos al cabo, conformados por las rocas más antiguas de nuestra geografía… ¡originadas hace unos 1.160 millones de años!

240. CON LA PUESTA A CUESTAS

Sapos parteros (género *Alytes*)

Además de las similitudes morfológicas, las cinco especies del género *Alytes* distribuidas por España —el ferreret y los sapos parteros ibérico, bético, común y almogávar—, presentan un amplio abanico de particularidades en común, como su aflautada vocalización (un silbido débil) y su estrategia reproductiva, siendo los machos los encargados de cuidar y acarrear la puesta de huevos, depositándolos en el agua justo antes de que eclosionen.

241. UN SORPRENDENTE E INESPERADO PAISAJE PROTEGIDO

Embalse de la Rambla de Algeciras (Murcia)

El embalse de la Rambla de Algeciras es uno de esos sitios que, idealmente, se tendría que visitar sin haber visto antes ninguna fotografía: sin expectativas, la sorpresa de cualquier persona al contemplar por primera vez este paisaje tan excepcional debe ser todavía mayor; lamentamos, por ello, no habernos podido resistir a incluir una imagen, a modo aliciente y anticipo.

La singularidad de este enclave semidesértico, situado en el centro de la Región de Murcia, propició la declaración del Paisaje Protegido «Barrancos de Gebas», un espacio que abarca una amplia área en torno al embalse de la Rambla de Algeciras, repartida entre los municipios de Alhama de Murcia y Librilla. Las lluvias torrenciales, a lo largo de miles de años, han dado forma a una maravillosa sucesión de cárcavas, ramblas, surcos y barrancos que domina el paisaje, en marcado contraste con la lámina de agua del embalse, de cambiantes y llamativas tonalidades turquesas y cerúleas (colores otorgados por la presencia de sedimentos margosos).

Existen diversos miradores en ambos lados del embalse, algunos de ellos habilitados con paneles interpretativos, así como diversos senderos y caminos para recorrer los alrededores (siempre con las debidas precauciones para no sufrir ninguna caída, sobre todo si ha llovido recientemente). Se recomienda realizar la visita durante el otoño o la primavera (con un mayor volumen de agua embalsada), evitando los meses estivales, debido a las elevadas temperaturas. Y si se dispone de tiempo, no hay que dejar pasar la oportunidad de realizar alguna ruta por la cercana **Sierra Espuña** [14], uno de los más insignes espacios naturales murcianos.

OTOÑO

242. DONDE LOS ESCARPADOS RELIEVES DE TRAMUNTANA SE FUNDEN CON EL MAR

Península de Formentor (Mallorca)

Son muchos los motivos para visitar el extremo nororiental de Mallorca, allí donde termina súbitamente la sierra de Tramuntana, fundiéndose con el Mediterráneo: acantilados de más de 400 metros de altura, calas paradisiacas y miradores excepcionales constituyen solo algunos de los reclamos irresistibles para internarse en la península de Formentor.

Octubre es uno de los meses más indicados para recorrer este estrecho y abrupto saliente pétreo, dejando atrás la ajetreada estación estival (dada la popularidad de este enclave, entre junio y septiembre se regula y limita el acceso a la zona). Además de poder disfrutar con la debida calma de estos paisajes únicos, el ecuador del otoño resulta una época inmejorable para observar algún **halcón de Eleonora** [200], una de las muchas especialidades ornitológicas de Formentor, junto con la endémica curruca balear (en zonas de matorral), el águila pescadora y el roquero solitario; con ayuda de unos prismáticos, cerca de la costa o sobrevolando el mar es posible detectar asimismo alguna **gaviota de Audouin** [236], pardelas baleares y cormoranes moñudos.

Desde la localidad de Port de Pollença parte una sinuosa carretera (Ma-2210) que recorre, íntegramente, esta apartada y vertiginosa esquina de Mallorca, rematada por el faro del cabo de Formentor, punto de encuentro de los vientos y el oleaje del Mediterráneo. A lo largo del trayecto (unos 18 km, solo ida), se recomienda realizar paradas en los diferentes balcones naturales (como el mirador de Es Colomer), ascender a la atalaya de Albercutx (uno de los principales puntos de vigilancia de la isla, desde el siglo XVI) y deleitarse, sin prisas, de un maravilloso atardecer.

243. ACANTONADA EN LOS ALTOS ROQUEDOS DE GUADARRAMA, GREDOS Y BÉJAR

Lagartija carpetana *(Iberolacerta cyreni)*

La primera mitad del otoño puede resultar idónea para prestar atención a los reptiles, dada la actividad que muestran en septiembre y octubre diversos lacértidos (sobre todo los días más soleados), antes de entrar en el letargo invernal. Este es el caso de la lagartija carpetana, una de las siete especies de la Península incluida en este género —junto con las **lagartijas aranesa** [148] y **batueca** [149], entre otras—, exclusiva del Sistema Central. Los canchales del Macizo de Peñalara, los roquedos próximos a la Laguna Grande de Gredos o las altas cumbres esparcidas en torno a la confluencia de Cáceres, Salamanca y Ávila, como El Torreón o Calvitero, albergan nutridas poblaciones de esta joya herpetológica protegida.

244. UN ANFIBIO DE INCONFUNDIBLE COLORACIÓN

Salamandra común *(Salamandra salamandra)*

De costumbres habitualmente nocturnas, este urodelo de inconfundible coloración se extiende por una gran variedad de ecosistemas, desde el nivel del mar —con poblaciones insulares, por ejemplo en **Cíes** [168] y en Ons— a enclaves de alta montaña, si bien resulta más frecuente en los bosques caducifolios y húmedos del norte peninsular. Los ejemplares adultos se reconocen fácilmente por su contrastado diseño, con conspicuas manchas o líneas amarillas sobre fondo negro, una señal inequívoca, dirigida a sus potenciales depredadores, para dejar bien claro que se trata de una especie tóxica y «poco apetecible». La introducción de especies invasoras, los atropellos y la pérdida de hábitat son algunos de los factores causantes de su retroceso en algunas regiones.

OTOÑO

245. INDICADOR DEL ESTADO DE CONSERVACIÓN DE LOS BOSQUES
Pulmonaria (*Lobaria pulmonoria*)

El inventario liquenológico de nuestro país, en continuo crecimiento, recopila unos tres millares de especies, una cifra realmente destacada. Una importante proporción de estos líquenes es saxícola, es decir, prospera sobre rocas, como ***Rhizocarpon geograficum*** [272], mientras que otros son capaces de desarrollarse sobre el suelo, como sucede en terrenos yesíferos [264]. En los bosques y sobre los matorrales, sin embargo, son más frecuentes los líquenes epífitos, como la pulmonaria, una amenazada especie, considerada extinta en varios países y regiones de Europa. Este excelente bioindicador del estado de salud de nuestros bosques abunda en las arboledas caducifolias mejor conservadas de Pirineos y la cordillera Cantábrica, así como en la **laurisilva canaria** [266].

246. LA ÚLTIMA ORQUÍDEA DE LA TEMPORADA
Spiranthes spiralis

A lo largo de septiembre y comienzos de octubre se abren las delicadas flores de la única orquídea otoñal de nuestra geografía, a excepción de Canarias, donde florece la singular **orquídea de tres dedos** [344], a partir de noviembre. Además de por su tardía fenología, la característica disposición de la inflorescencia en espiral (a la que alude, doblemente, tanto el nombre del género como su epíteto científico) es una de las claves que permite identificar, sin ninguna complicación, a esta escasa orquídea propia de pastizales frescos, claros y bordes de bosques, presente en casi toda la Península y en el archipiélago balear. Como curiosidad, unos meses antes, en el borde de lagunas, turberas y praderas húmedas es posible hallar una especie relativamente parecida, *Spiranthes aestivalis*.

247. UN CÓRVIDO ENDÉMICO, QUE PASÓ DESAPERCIBIDO

Rabilargo ibérico *(Cyanopica cooki)*

No fue hasta 1831, época en la que se conocían ya casi todas las aves europeas, cuando sorprendentemente el escritor y naturalista británico S. E. Cook reseñó por primera vez la presencia del rabilargo, en uno de sus viajes por nuestro país. Emparentado con las urracas y los cuervos, esta ave es endémica del suroeste y el centro peninsular, siendo fácil de detectar en algunas dehesas, pinares y robledales.

248. LAS MENSAJERAS DEL FRÍO

Grulla común *(Grus grus)*

Con su regreso a la Península, a lo largo de los meses de octubre y noviembre, las grullas anuncian que el invierno no tardará en hacer acto de presencia. Cada día, la llegada vespertina a sus dormideros —en muchos embalses extremeños, así como en la **laguna de Gallocanta** [354] o las **Tablas de Daimiel** [294]—, en los que la quietud del crepúsculo queda rota por sus incesantes trompeteos, nos brinda un incomparable espectáculo sonoro y visual.

249. UN SINGULAR PÁJARO CARPINTERO

Pito real ibérico *(Picus sharpei)*

Prácticamente exclusivo de la geografía ibérica, este pícido o pájaro carpintero de coloración verdeamarillenta es fácil de observar en algunos parques y jardines de nuestras grandes ciudades —como ocurre en El Retiro, en Madrid—, casi siempre alimentándose de hormigas y de otros insectos, en el suelo. Por el contrario, fuera de los entornos urbanos, sus hábitos son bien distintos, y solo su característico «relincho» delata su presencia.

250. UNO DE LOS MAYORES VOLCANES ACTIVOS DEL MUNDO
Teide (Tenerife)

Culminando la mayor de todas las islas del archipiélago canario, la cumbre del Teide se eleva, por encima de las nubes, hasta los 3.715 metros sobre el nivel del mar; no hay ninguna otra cima, en nuestro país, que se acerque a esta cota. Esta colosal montaña, en realidad, es un volcán doble, conformado por el complejo denominado Teide-Pico Viejo, un estratovolcán en el que se han ido sucediendo diversas erupciones (la última de ellas en 1798, en la ladera suroeste de Pico Viejo, en las llamadas «Narices del Teide»).

Por sus incomparables valores geológicos y naturalísticos, fue el primer Parque Nacional en ser declarado en Canarias, hace ya más de 70 años. Convertido en el símbolo de Tenerife, en este espacio protegido es posible admirar una asombrosa amalgama de conos volcánicos y coladas de lavada, de muy diferentes tonalidades y formas. Las laderas del Teide, además, sirven de refugio para numerosas especies endémicas de fauna y flora, como el **lagarto tizón** [227], el icónico tajinaste rojo (que florece entre abril y mayo), la violeta del Teide (a partir de los 2.500 m), el rosal del guanche y más de un millar de invertebrados (la mitad de ellos, exclusivos de esta zona montañosa del interior de Tenerife).

Los dos Centros de Visitantes (Cañada Blanca y El Portillo) con los que cuenta el Parque Nacional son lugares idóneos para comenzar a descubrir y explorar uno de los volcanes activos de mayores dimensiones del mundo. Existe además un teleférico, que salva un importante desnivel, permitiendo acometer con relativa comodidad el ascenso a la cima más alta de España (hay que solicitar permiso previamente).

251. UN COLORIDO PASERIFORME, EXCLUSIVO DE LOS PINARES DE TENERIFE

Pinzón azul de Tenerife *(Fringilla teydea)*

Los **pinares de pino canario** [316] de la isla tinerfeña custodian una de las joyas ornitológicas del archipiélago, el pinzón azul de Tenerife. Este paseriforme se distribuye por buena parte de la isla, siendo más frecuente en la corona forestal que rodea al Parque Nacional del Teide, nidificando en los pinares que se extienden entre los 1.000 y los 2.000 metros de altitud.

Los machos lucen una coloración inconfundible, de tonalidades azuladas, mientras que las hembras y los individuos jóvenes muestran unos colores más discretos. Los pinzones azules conviven, en las zonas boscosas del interior de Tenerife, con otras especies de aves de gran interés, como el mosquitero canario, el **pinzón vulgar de Canarias** [298]**,** el herrerillo canario y el pico picapinos. Su población, con una tendencia estable, se estima en unas mil parejas. Como curiosidad, hasta hace no muchos años se agrupaba taxonómicamente a los pinzones azules de Tenerife y de Gran Canaria, relativamente parecidos; hoy en día se consideran especies distintas, estando el pinzón azul de Gran Canaria en una situación mucho más comprometida.

Con algo de paciencia, no es difícil observar a esta singular ave en diversos enclaves forestales de Tenerife, siendo un visitante habitual en las zonas recreativas de los pinares, en busca de agua o alimento. Entre otros lugares, se puede probar suerte en el merendero de Chío, en el área recreativa Arenas Negras, en la zona recreativa Las Lajas o en el mirador de Chipeque, con unas vistas fantásticas sobre el **Teide** [250], por encima de los extensos pinares y el habitual mar de nubes que envuelve la vertiente septentrional de la isla.

OTOÑO

252. LA ESTAMPA MENOS CONOCIDA DE CABAÑEROS
Alto Estena (Toledo)

La cabecera del río Estena constituye, posiblemente, la estampa menos conocida del Parque Nacional de Cabañeros, cuya imagen más representativa la conforman sus afamadas **dehesas** [302]. Al arrimo de este afluente del Guadiana, en su tramo alto, prospera un bosque mixto de gran singularidad, en el que se entremezclan fresnos, rebollos, quejigos, alcornoques, encinas, **madroños** [256], serbales y **arces de Montpellier** [190], en compañía de otros árboles de carácter atlántico, como abedules, **acebos** [225] y tejos, destacando además la presencia de otras muchas especies de interés, como el **helecho real** [164]. Octubre y noviembre son los meses más indicados para disfrutar del colorido otoñal de este rincón de los Montes de Toledo. Muy cerca, en dirección a Hontanar, se sugiere realizar asimismo un alto en el camino en el Risco de las Paradas.

253. DESCUBRIENDO EL CASI OLVIDADO INTERIOR DE LA PROVINCIA DE VALENCIA
Alto Turia (Valencia)

No es ningún secreto, a estas alturas, que la provincia valenciana es mucho más que un destino de sol y playa. Como inmejorable ejemplo, destacan territorios como los del Alto Turia y el Rincón de Ademuz, incorporados en su mayor parte dentro de la Reserva de la Biosfera del Alto Turia y limítrofes con las vecinas provincias de Cuenca y Teruel. Se recomienda incluir en la lista de lugares a visitar parajes como el nacimiento del río Tuéjar o los cortados de La Lácaba, recorrer la ruta de los puentes colgantes de Chulilla o pasear a orillas del río Turia o Guadalaviar, entre Casas Altas y Ademuz. Octubre, con los bosques de ribera ataviados con sus galas más vistosas, es un mes idóneo para explorar estas tierras de pintorescos pueblos.

254. EN BUSCA DE AVES ACUÁTICAS, CERCA DEL EXTREMO MERIDIONAL DE CÁCERES

Embalse de Alcollarín (Cáceres)

Menos afamado que otros enclaves naturalísticos de Cáceres, el embalse de Alcollarín se ha situado, de manera casi inesperada, en lo más alto del ranking ornitológico provincial, con más de 230 especies de aves registradas. Un hecho que sorprende, tanto por las dimensiones del embalse, relativamente reducidas, como por su «reciente» construcción (finalizada en 2014). Durante los meses de otoño e invierno, sobresalen por su abundancia las aves acuáticas, congregándose miles de cucharas y ánades rabudos, decenas o centenares de cercetas, silbones, fochas, gaviotas, grullas y ardeidas, además de cigüeñas negras, águilas pescadoras, limícolas y otras muchas especies. Se puede aparcar junto a la presa y bordear el embalse por su orilla oriental, sin olvidarnos los prismáticos y el telescopio.

255. UNA CUMBRE ÚNICA EN LA PENÍNSULA, DIVISORIA DE TRES CUENCAS

Pico de los Tres Mares (Cantabria/Palencia)

Con una altitud de 2.171 m, emplazado en la linde entre los territorios cántabro y palentino, el Pico de los Tres Mares posee una curiosa singularidad, desvelada por su denominación actual: los ríos y arroyos que se forman en sus laderas se dirigen a tres mares u océanos diferentes. Hacia oriente fluye el río Híjar, afluente del Ebro, cuyas aguas van a parar al Mediterráneo; hacia el norte, varios cursos fluviales conforman la cabecera del río Nansa, que desemboca en el Cantábrico; y hacia occidente, nacen en esta montaña diversos afluentes del Pisuerga, tributario del río Duero, cuya desembocadura se sitúa en el Atlántico. La ruta más sencilla hacia esta cima se realiza desde el collado de la Fuente del Chivo (accesible por carretera, excepto en invierno). Las vistas desde lo alto, en días despejados, son sublimes.

OTOÑO

256. HUYENDO DE LAS HELADAS INVERNALES

Madroño (*Arbutus unedo*)

A diferencia de otros árboles, adaptados a aguantar estoicamente los más exigentes rigores invernales, los madroños tienen una clara preferencia por zonas de clima más templado, siendo más frecuentes en las provincias periféricas de la Península y en Baleares, donde aparecen dispersos en ambientes muy variados: desde las húmedas fragas gallegas a los barrancos de las sierras litorales del Mediterráneo. Los mejores madroñales, no obstante, perduran en los alomados relieves del cuadrante suroeste peninsular, especialmente en Sierra Madrona (un acertado topónimo) y **Valle de Alcudia** [289], en Montes de Toledo —en el **Alto Estena** [252], por ejemplo— y en diversas serranías pacenses y cacereñas: en la sierra de las Corchuelas, en **Monfragüe** [287], en **Las Villuercas** [217] o en Gata.

257. UN INVEROSÍMIL PAISAJE KÁRSTICO, ESCULPIDO POR LOS ELEMENTOS >

Torcal de Antequera (Málaga)

Cinceladas y esculpidas por la tozudez milenaria del viento, la lluvia y la nieve, las caprichosas formaciones rocosas del Torcal de Antequera no dejan indiferentes, desde luego, a quienes visitan este Paraje Natural del interior de Málaga. Aquí la geología ha dado lugar a un paisaje casi inverosímil, un relieve kárstico sin parangón en el continente europeo, conformado por una generosa exhibición de torcas y dolinas, cuevas y simas, angostos callejones pétreos y monumentos naturales, algunos tan insignes como el «Tornillo de El Torcal». No escasean en este colosal roquedo calizo, además, los fósiles, siendo especialmente notables los de los ammonites, cuyo origen se remonta a más de 150 millones de años.

258. EL HUMEDAL MÁS EXTENSO DE BALEARES

S'Albufera (Mallorca)

En el interior de la bahía de Alcudia, en el noreste de Mallorca, se ubica el humedal de mayor extensión e importancia del archipiélago balear, declarado Parque Natural. Surcado por un entramado de canales, en este espacio protegido se han registrado más de 300 especies ornitológicas. Desde el centro de interpretación parten cuatro rutas, todas ellas sin desnivel, jalonadas por diversos observatorios de aves y plataformas elevadas.

259. PUERTA DE ENTRADA A ALBARRACÍN

Castillo de Peracense (Teruel)

Integrado a la perfección en las rojizas y abruptas laderas de la sierra Menera, el castillo de Peracense, una de las fortalezas medievales más asombrosas de Aragón, constituye una de las mejores puertas de entrada a la comarca y serranía de Albarracín. Sin prisa, se recomienda realizar un recorrido con paradas en el Paisaje Protegido de los Pinares de Rodeno, las cascadas del Molino de San Pedro y la laguna de Noguera.

260. DE PASEO POR LA RIBERA DEL DUERO

Riberas de Castronuño (Valladolid)

La Reserva Natural Riberas de Castronuño-Vega del Duero es uno de los espacios protegidos más destacados de la provincia vallisoletana. Para descubrir y explorar estos densos bosques de ribera, desde Castronuño se puede iniciar la «Senda de los Almendros», un itinerario idóneo para familias que discurre a orillas del Duero, habilitado con miradores, pasarelas, paneles de interpretación y un observatorio de aves.

261. UN EXTRAORDINARIO SISTEMA DE HOCES FLUVIALES

Alto Tajo (Guadalajara/Cuenca)

El río más largo de la Península, en su tramo alto, junto a alguno de sus principales afluentes, ha conformado en el corazón del Sistema Ibérico uno de los más extensos y extraordinarios sistemas de hoces fluviales de nuestra geografía. Este Parque Natural cuenta con varios Centros de Visitantes (en Corduente, Zaorejas, Orea y Checa), miradores y una destacada red de senderos, con rutas de apenas unos pocos kilómetros a recorridos para realizar en varias etapas (como el GR-10, con 136 km por el interior del Alto Tajo; o el Camino Natural del Tajo, con 141 km señalizados en el Parque Natural). Entre otros enclaves, sobresale el Barranco de la Hoz (en la imagen), una angosta hoz esculpida por el río Gallo.

262. PIRAGÜISMO OTOÑAL POR AGUAS DEL JÚCAR

Río Júcar (Cuenca)

Antes de bordear, por su flanco occidental, el casco antiguo de Cuenca, el río Júcar ofrece un inmejorable escenario para realizar piragüismo en un tramo de aguas remansadas, disfrutando de la pintoresca coloración del bosque de ribera, en el apogeo del otoño, y de los escarpes rocosos fluviales. Se recomienda iniciar el periplo náutico en el puente de las Grajas, punto desde el que parten a su vez diversas rutas a pie, para recorrer sin prisas la hoz del Júcar, hogar de numerosas especies de avifauna (destacando, por su abundancia, los buitres leonados, así como una infinidad de paseriformes forestales). Dada su proximidad, se puede combinar esta propuesta con una visita al cercano Parque Natural de la Serranía de Cuenca.

OTOÑO

263. UNO DE NUESTROS MAMÍFEROS ENDÉMICOS MENOS VALORADO

Liebre ibérica *(Lepus granatensis)*

Quizás por resultar frecuente, en algunas zonas de nuestra geografía, o por su amplia distribución, ocupando casi toda la Península (excepto la franja cantábrica, Pirineos y Cataluña), no suele recibir este lagomorfo de costumbres nocturnas, endémico del territorio peninsular, una excesiva atención. Sin embargo, es uno de nuestros mamíferos de mayor interés, extendiéndose por una amplia variedad de hábitats, desde arenales costeros a pastizales de alta montaña, pasando por entornos forestales, áreas agrícolas, saladares, retamales o espartales. En España habitan otras dos especies de liebres, algo mayores: la escasa y amenazada liebre de piornal, exclusiva de la cordillera Cantábrica, y la liebre europea, presente únicamente en nuestro país al norte del valle del Ebro.

264. MUNDOS EN MINIATURA, HABITUALMENTE IGNORADOS

Comunidades liquénicas de los yesos

Los vilipendiados y maltratados yesares, esos asombrosos paisajes a los que tanta gente se refiere, injustamente, como «secarrales», son uno de nuestros ecosistemas con una mayor riqueza biológica. Por su singularidad, hay que subrayar el interés de las comunidades de líquenes, verdaderos mundos en miniaturas, a ras de suelo. Acercándose, con cuidado, a las laderas y cerros yesíferos que han logrado sortear los agravios y destrozos tan habituales en estos medios desérticos, en enclaves de la depresión del Ebro, del **valle del Tajo** [18] o del sureste ibérico, es posible admirar la colorida costra liquénica conformada por *Diploschistes diacapsis, Fulgensia desertorum, Psosa decipiens, Lepraria crassisima* y *Lecidea gypsicola,* por mencionar solo algunas de las especies más frecuentes y/o llamativas.

265. MUCHO MÁS QUE UN DESIERTO DE «POLVO, NIEBLA, VIENTO Y SOL»

Estepas de Belchite (Zaragoza)

Qué mejor ocasión que recorriendo las vastas estepas de Belchite, en cualquier época del año, para rememorar aquellos versos tan certeros de José Antonio Labordeta, hablando de su tierra: *Polvo, niebla, viento y sol, / y donde hay agua una huerta. / Al norte los Pirineos, / esta tierra es Aragón.* No escasean, desde luego, los días soleados y de fuertes vientos en estas planicies polvorientas, al igual que las frías nieblas invernales.

A pesar de su aspecto árido y aparentemente inhóspito, estas estepas y llanuras desérticas son consideradas, en conjunto, como uno de los paisajes de mayor valía de todo el continente europeo. De hecho, aquí se estableció la primera Reserva Ornitológica de SEO/BirdLife, El Planerón, en el año 1992. Y son cada vez más las organizaciones y entidades las que reclaman, con argumentos de peso, la incorporación de estos parajes únicos, como los que se extienden por la comarca de Belchite o **Los Monegros** [68], al elenco de Parques Nacionales de nuestro país. Ojalá les llegue pronto este reconocimiento a nuestras denostadas zonas esteparias.

Varias pistas y caminos señalizados se internan en estas llanuras, desde la carretera que une las localidades de Belchite y Quinto. Con permiso de un selecto repertorio de especies vegetales, adaptadas a la perfección a la austeridad de estos paisajes, las aves son aquí las principales protagonistas: la **alondra ricotí** [27] o rocín es, sin ninguna duda, el emblema de El Planerón, conviviendo en estas estepas con la **ganga ibérica** [334] y ortega, el alcaraván común, el **aguilucho cenizo** [5], pálido y lagunero, el **mochuelo europeo** [309], la **cogujada montesina** [290], la **terrera marismeña** [85] y el **escribano triguero** [357].

OTOÑO

266. EL BOSQUE SIEMPRE VERDE, BENDECIDO POR LOS ALISIOS
Laurisilva o monteverde (Islas Canarias)

No hace falta viajar a latitudes remotas para recorrer y explorar auténticas selvas, denominación que bien pueden recibir los bosques intactos y siempre verdes de las islas más occidentales del archipiélago canario, conocidos en conjunto como laurisilva o monteverde.

Situados en las vertientes y laderas septentrionales de Tenerife, La Gomera y La Palma, fundamentalmente, en estos ecosistemas forestales únicos, rebosantes de verdor y humedad gracias a las habituales nieblas arrastradas por los alisios, se entremezclan hasta dos decenas de especies diferentes de porte arbóreo: como el viñátigo, el barbusano, el loro o laurel, el acebiño, el til, el mocán, el madroño, el tejo, el naranjo salvaje, el palo blanco, la faya y el brezo. Bajo este tupido dosel, que alcanza los veinte metros de altura, se desarrollan infinidad de musgos, líquenes y helechos, como la exuberante **píjara** [231], además de diversas especies de flora: como el **bicácaro** [361], el geranio canario o patagallo, la magarza o margarita amarilla, el alamillo, la arcila, el alhelí, la morgallana y diversas violetas.

Los mejores ejemplos de laurisilva o monteverde se pueden encontrar en el Parque Nacional de **Garajonay** [299], en La Gomera, un espacio protegido que cuenta con una amplia red de senderos lineales y circulares. En La Palma, destacan los bosques del Parque Natural de Las Nieves, por ejemplo, los que se extienden en los alrededores de **Los Tilos** [280] o en la zona del Cubo de La Galga. Y en Tenerife, por su parte, sobresalen las grandes extensiones de laurisilva de la península de Anaga, en el noreste de la isla (declarada Parque Rural y Reserva de la Biosfera), con una variada oferta de rutas de senderismo.

267. INCANSABLES Y EXPERTAS VOLADORAS

Pardela cenicienta atlántica *(Calonectris borealis)*

Antes de que emprendan sus largos periplos migratorios rumbo a sus áreas de invernada, en el Atlántico Sur, las primeras semanas del otoño brindan todavía la posibilidad de deleitarse con los incansables trasiegos, sobre las olas, de las pardelas cenicientas atlánticas, una de nuestras aves marinas con un mayor dominio del vuelo, sobre todo en condiciones de fuertes vientos. Su principal bastión, en nuestro país, se ubica en Canarias, sobre todo en el archipiélago Chinijo, al norte de Lanzarote (destaca la población de Alegranza, con unas 8.000 parejas reproductoras), pero nidifica también en varios islotes frente a las costas gallegas, internándose a su vez en el Mediterráneo (en la isla de Terreros, Almería).

268. LOS SALIENTES VOLCÁNICOS INACCESIBLES QUE DESAFÍAN AL ATLÁNTICO

Roques de Anaga (Tenerife)

Tras cruzar la península de Anaga, recorriendo cualquiera de las dos únicas y serpenteantes carreteras que discurren por el extremo noreste de Tenerife, se alcanza el remoto caserío de Benijo, desde cuya escarpada costa se obtiene una visión inmejorable de los Roques de Anaga. Estos dos agrestes pitones volcánicos, declarados Reserva Natural Integral, desafían la bravura del Atlántico en este apartado rincón del archipiélago canario, dando cobijo a un selecto abanico de tesoros botánicos y faunísticos: además de uno de los contados bosquetes de dragos que aún perdura y de una subespecie exclusiva de **lagarto tizón** [227], en estos promontorios anidan aves marinas tan escasas como el **petrel de Bulwer** [159], el paíño de Madeira y la enigmática pardela chica macaronésica.

269. DESCUBRIENDO LOS BOSQUES RIOJANOS MÁS EXTENSOS, A LOS PIES DE UN REGUERO DE CIRCOS GLACIARES

Sierra de Cebollera (La Rioja)

Entre los puertos de montaña de Piqueras y Santa Inés se alinea un amplio y apenas visitado cordal de cumbres, desde el cual se extiende, por sus faldas septentrionales, el espacio protegido más insigne de La Rioja, el Parque Natural Sierra de Cebollera.

Con cimas que sobrepasan, muy holgadamente, los dos mil metros de altitud, en este conjunto montañoso del Sistema Ibérico se conserva una de las agrupaciones más notables de circos glaciares de toda nuestra geografía, destacando enclaves como los Hoyos de Iregua, la Laguna de Buey, el Hoyo Mayor o La Mesa. Las laderas de esta sierra están cubiertas por los bosques más extensos de la región, conformando una densa masa forestal en la que se entremezclan pinares silvestres con hayedos, robledales, abedulares e incluso alguna acebeda. Dada su ubicación estratégica, encuentran refugio en este Parque Natural diversas especies de fauna de enorme interés, como el esquivo desmán ibérico, la **nutria** [220], el lagarto verde, la víbora áspid y un amplio abanico de aves, como la **perdiz pardilla** [188], la chocha perdiz y el **mirlo acuático** [321]. Entre los tesoros vegetales, además de especies sumamente escasas como la **orquídea fantasma** [116] o *Huperzia selago* (un singular licófito), en otoño es posible observar líquenes, como la **pulmonaria** [245], diversos brezos y **quitameriendas** [192].

Desde el área recreativa de Lomos de Orio, junto a una ermita, parte el «Sendero de las cascadas» (ruta circular de 6 km, de unas 2 horas de duración), totalmente recomendable. La Vía Romana del Iregua, si se dispone de más tiempo, atraviesa el Parque Natural, concretamente el tramo 4 (entre Villoslada de Cameros y Lumbreras) y el tramo 5 (entre Lumbreras y el puerto de Piqueras).

270. UNO DE LOS PARAJES DE IMPRESCINDIBLE VISITA DE LA SERRANÍA CONQUENSE

Laguna de Uña (Cuenca)

Enclavada en uno de los parajes de mayor atractivo de la serranía conquense, la laguna de Uña constituye un lugar de visita imprescindible, especialmente en el apogeo del otoño, a lo largo de la segunda quincena de octubre y los primeros días de noviembre; en estas fechas es cuando los árboles de ribera de las orillas exhiben sus galas más espléndidas, en contraste con los verdes pinares de las laderas, los tonos dorados del carrizal, las gamas de azules y turquesas de la lámina de agua y los escarpados cortados calizos de los alrededores.

Dado su encanto y su fácil acceso, esta laguna situada junto al pueblo de Uña es uno de los lugares más visitados del Parque Natural de la Serranía de Cuenca. Junto a este humedal, habilitado con senderos, observatorios de aves, pasarelas de madera y miradores, se encuentra el Centro de Recepción de Visitantes de este espacio protegido (abierto durante los fines de semana).

Además de poder rodear la laguna, paseando sin prisas, los alrededores ofrecen otras muchas opciones para realizar diversas rutas idóneas para los amantes del senderismo. Con un grado de dificultad media, la ruta circular denominada «El Escalerón y la Raya» (PR-CU37) brinda unas vistas panorámicas únicas, permitiendo divisar la laguna de Uña desde las alturas. La ruta tiene una longitud de 9 km y se realiza en un tiempo de dos horas y media o tres horas. Se inicia y finaliza junto a la laguna, discurriendo por la parte superior de los farallones calizos, en los que se ubican varios miradores privilegiados. No hay que olvidar llevar unos prismáticos, para disfrutar del vuelo de los buitres leonados, y un calzado cómodo y apropiado.

OTOÑO

271. POR LAS MÁS ALTAS CUMBRES RIOJANAS

Sierra de la Demanda (La Rioja/Burgos)

Los alrededores de la estación de Valdezcaray permiten un fácil acceso a las más altas cumbres de La Rioja, destacando el Cerro de San Lorenzo (2.271 m), techo de la región, limítrofe con Burgos. Sobrepasados los bosques mixtos caducifolios y los pinares, varias pistas y senderos atraviesan estos collados densamente tapizados de brezos y gayubas, idóneos para disfrutar de la berrea del **ciervo** [204] y para intentar localizar alguna **perdiz pardilla** [188].

272. MAPAS VIVOS E IMAGINARIOS EN LAS ROCAS

Liquen geográfico *(Rhizocarpon geograficum)*

Firmemente aferrado al sustrato rocoso sobre el que se asienta, el liquen geográfico dibuja unos coloridos mapas, una suerte de cartografía imaginaria. Estos líquenes prosperan en enclaves montañosos de naturaleza silícea, sobre granitos, esquistos, pizarras o cuarcitas, no siendo difícil observar las curiosas formas que esbozan en los roquedos de las sierras de Guadarrama y Gredos, en Pirineos o en **Sierra Nevada** [163], entre otras elevaciones.

273. UN INCONFUNDIBLE Y TÓXICO HONGO

Matamoscas o falsa oronja *(Amanita muscaria)*

Bien extendida por el tercio norte peninsular, así como por el Sistema Central y otras zonas dispersas de la geografía ibérica y del archipiélago canario, la *Amanita muscaria* es posiblemente una de las setas (es decir, la parte visible de los hongos) más conocidas, tanto por su característica coloración como por su toxicidad. Desempeña, sin embargo, un papel ecológico crucial en los bosques en los que habita, al igual que todos los demás hongos.

274. UNA ANTIGUA EXPLOTACIÓN ROMANA, DECLARADA PATRIMONIO MUNDIAL POR LA UNESCO

Las Médulas (León)

El origen de Las Médulas, un asombroso paraje de indiscutible interés cultural y paisajístico, se remonta a la época de Augusto, el primer emperador romano y fundador del Imperio. Fue en este periodo cuando se instauró el sistema monetario romano, impulsado precisamente por Augusto, basado en el empleo de diferentes monedas, destacando entre todas ellas el áureo o *aureus,* la moneda de oro, mucho más valiosa que el denario, de plata, y que las monedas de bronce o cobre.

Por ello, dada la conocida riqueza en minerales de estas tierras, la conquista de esta región del norte de Hispania fue una prioridad para los romanos, asentándose en unos pocos años en la zona. A partir de ese momento se puso en marcha una colosal obra de ingeniería, ideando un sorprendente sistema hidráulico, gracias al cual fue posible extraer una ingente cantidad de oro de este yacimiento entre los siglos I y III.

Debido a su singularidad, Las Médulas fueron incluidas en la lista del Patrimonio Mundial de la UNESCO, siendo además catalogadas, en su conjunto, como Monumento Natural, una figura de protección declarada por la Junta de Comunidades de Castilla y León. Para visitar esta antigua explotación aurífera se recomienda dirigirse, en primera instancia, al Aula Arqueológica y al Centro de Recepción de Visitantes. Existen diversas rutas y senderos, así como varios miradores, con vistas excepcionales (como el de Orellán, el de Las Pedrices o el de Reirigo). Dada su cercanía, se puede combinar la visita a este espacio con un recorrido por los **Montes Aquilianos** [43], situados también en El Bierzo, o bien, adentrarse en **Os Ancares** [3] o en la **Serra da Enciña de Lastra** [170], en las proximidades de Las Médulas.

OTOÑO

INVIERNO

275. HACIA UN FUTURO ESPERANZADOR
Lince ibérico *(Lynx pardinus)*

A comienzos del presente siglo saltaron todas las alarmas: quedaba menos de un centenar de ejemplares de lince ibérico. Una de las especies más emblemáticas de nuestra fauna estaba al borde la extinción, en una situación realmente crítica, ya que su exigua población en estado salvaje se reducía a unas pocas decenas de ejemplares, repartidas entre Sierra Morena, Doñana y, quizás, los Montes de Toledo. La UICN fue tajante: este era el felino más amenazado del mundo.

Sin embargo, tras años de duro trabajo a través de varios proyectos LIFE (con fondos europeos), en los que se logró la implicación de diversas administraciones, instituciones científicas, asociaciones, propietarios de fincas y la población local, el lince ibérico vio cambiar su suerte. Así, en el año 2020 su censo sobrepasó el millar de individuos en libertad, una cifra que se duplicaría apenas unos años después, con una clara tendencia creciente en la actualidad, que invita a un futuro esperanzador. Ha pasado, de hecho, de estar catalogado como «En Peligro Crítico», en la *Lista Roja de Especies Amenazadas de la UICN,* a incluirse en la categoría de «Vulnerable». Sin confiarse ni bajar la guardia, ya que sus poblaciones no están ni mucho menos exentas de amenazas, la recuperación del lince ibérico ha sido el hito más notable, estas últimas décadas, en el ámbito de la conservación de nuestra biodiversidad.

Con paciencia, en enclaves como la **sierra de Andújar** [301] y **Doñana** [34], así como en diversos parajes de Montes de Toledo y de Extremadura —en el valle del Matachel, por ejemplo—, existe la posibilidad de observar a este icónico mamífero, sobre todo durante los meses de invierno, coincidiendo con su época de mayor actividad y movimientos diurnos.

276. ATARDECE EN LOS MONTES DE TOLEDO

Sierra de San Pablo (Toledo)

Sin grandes cumbres ni elevaciones de renombre, a los Montes de Toledo solo dirigen sus pasos contados excursionistas. Un hecho que sorprende, porque motivos para recorrer las veredas y collados de estas poco transitadas sierras no faltan, desde luego. Entre ellos, ver atardecer, sin prisas, sobre la casi infinita sucesión de alomadas serranías, cerros y montes que se extienden hasta donde se pierda la vista, entre el sur de Toledo y el este de la provincia de Badajoz. Si la visibilidad acompaña, no será difícil distinguir incluso el lejano castillo de Herrera del Duque, en la comarca de la Siberia Extremeña, antesala de las amplias llanuras de **La Serena** [1].

277. UN RECORRIDO ENTRE CANTILES Y DEHESAS, DISFRUTANDO DE LAS GRANDES RAPACES

Sierra Grande de Hornachos (Badajoz)

Con una merecida fama por sus notables valores ornitológicos, a la Sierra Grande de Hornachos y sus alrededores hay que dedicarles, por lo menos, una jornada completa. Se puede iniciar el día explorando los cantiles cuarcíticos que se yerguen al norte de Hornachos, visitando los restos del antiguo castillo y la fuente de los Moros, aquí es posible ver **collalba negra** [292] y un amplio elenco de rapaces rupícolas: águilas perdicera y real, alimoche, **búho real** [288] y halcón peregrino, entre otras. Y de innegable interés resultará, a su vez, el cercano valle del río Matachel (los chozos de Llera y el embalse de los Molinos son lugares de parada imprescindible), albergando la mejor población extremeña de **linces** [275], así como **águila imperial ibérica** [303] y numerosas aves acuáticas.

278. UN CURIOSO ENDEMISMO DE LOS MALPAÍSES CANARIOS

Cardoncillo gris *(Ceropegia fusca)*

No debe resultar sencillo, imaginamos, enraizarse y prosperar en los agrestes terrenos volcánicos del archipiélago canario, especialmente allí donde las precipitaciones resultan más escasas y la insolación es más elevada, como ocurre en los malpaíses y en las zonas situadas a menor altitud. Entre las diversas plantas sorprendentemente adaptadas a crecer en las estériles coladas de lavas, las cuales en conjunto conforman los extraordinarios **cardonales-tabaibales** [339], destaca por su singular aspecto el cardoncillo gris, desprovisto de hojas durante casi todo el año. Este discreto endemismo de Tenerife y Gran Canaria se extiende, de manera dispersa, por diversos enclaves situados en cotas bajas, como por ejemplo las Reservas Naturales Especiales del «Malpaís de Güímar» y del «Malpaís de La Rasca».

279. LOS FRUTOS QUE PARECEN FLORES

Sisallo *(Salsola vermiculata)*

Ampliamente distribuida por Fuerteventura y Lanzarote, así como por otras islas del archipiélago canario, esta quenopodiácea —conocida con una infinidad de nombres vernáculos, como sisallo, barrilla, carambilla, salado o hierba de cristal— resulta a su vez frecuente en algunas comarcas de la Península, llegando a formar extensos sisallares en el valle del Ebro (abunda en las Bardenas Reales, por ejemplo), en terrenos de margas y yesos del centro peninsular y en zonas costeras del litoral mediterráneo (especialmente en Alicante, Murcia y Almería). Capaz de soportar largas sequías, esta planta florece discretamente entre junio y noviembre, luciendo sus coloridos frutos rosados (que recuerdan a una flor) a lo largo del otoño y el invierno.

280. PASEANDO ENTRE VERDES RAMAS
Los Tilos (La Palma)

No hay ningún vínculo entre el *Romancero Gitano* de Lorca y La Palma, pero bien podrían haberse referido dos de sus más célebres versos al paraje de Los Tilos: *Verde que te quiero verde. / Verde viento. Verdes ramas.* Lo cierto es que el verde, indiscutiblemente, inunda cada rincón de estos escarpados paisajes del cuadrante nororiental de la Isla Bonita.

Situado dentro de los límites del Parque Natural de Las Nieves, cerca de la localidad de Los Sauces, el enclave de Los Tilos es uno de los lugares de visita ineludible en cualquier recorrido por La Palma. El Punto de Información Ambiental de Los Tilos, dotado de una exposición permanente y una zona recreativa en los alrededores, es el mejor punto de partida para adentrarse a pie entre estos angostos y umbríos barrancos, densamente cubiertos de una exuberante vegetación. Son varias las rutas que permiten disfrutar de una de las mejores representaciones de **laurisilva** o **monteverde** [266] del archipiélago canario, como la que conduce a la cascada de Los Tilos (de escasa dificultad, aunque conviene llevar siempre un calzado adecuado) o la que asciende hasta el mirador del Espigón Atravesado.

Entre otras especies, son habituales los **pinzones vulgares de Canarias** [298], además de las palomas turqué y rabiche, dos de las joyas ornitológicas de la laurisilva, de hábitos casi siempre esquivos. Respecto a la flora y vegetación, sobresale la presencia de especies muy escasas como la faya herreña, el aderno o la adelfa de monte, además del elenco característico del monteverde, destacando la abundancia del til, el palo blanco, el sanguino y la **píjara** [231]. El invierno resulta asimismo idóneo para deleitarse con las llamativas flores del **bicácaro** [361]**.**

INVIERNO

281. A LOS PIES DE LOS GRANDES COLOSOS PÉTREOS DE PICOS DE EUROPA

Fuente Dé (Cantabria)

La localidad de Fuente Dé, en el corazón de la comarca lebaniega, constituye uno de los accesos más espectaculares y de mayor popularidad al Parque Nacional de Picos de Europa. Un cómodo teleférico (de pago), salvando un desnivel de más de 750 m, permite ascender al piso alpino y recorrer los collados y praderas de alta montaña en busca de rebecos, gorriones alpinos, treparriscos y **acentores alpinos** [336]; si la nieve lo permite, se recomienda dirigirse hacia los Horcados Rojos o acercarse al refugio de Áliva. Las partes más bajas de este inmenso circo glaciar, horadado por los hielos del Cuaternario, están cubiertas de hayedos y robledales, albergando otras aves de gran interés, como el picamaderos negro.

282. EN BUSCA DE UNA LAS AVES INVERNANTES MÁS ESCASAS

Somormujo cuellirrojo *(Podiceps grisegena)*

Con una reducidísima población invernante en nuestro país, que podría oscilar entre cinco y diez ejemplares, el somormujo cuellirrojo es una de las aves menos frecuentes en la Península durante los meses más fríos. Esta especie que nidifica en pequeños lagos forestales, en latitudes más septentrionales, a lo largo de la estación invernal se desplaza a zonas costeras, sobre todo a estuarios y bahías. Tres enclaves concretos, todos ellos a orillas del Cantábrico, acumulan la mayor parte de las observaciones en el territorio ibérico: las marismas de Txingudi, en la desembocadura del Bidasoa; la amplia bahía de Santander; y, especialmente, las marismas de **Santoña** [283], un destino de pajareo ineludible entre diciembre y febrero.

283. REFUGIO DE MILES DE AVES ACUÁTICAS INVERNANTES
Marismas de Santoña (Cantabria)

Bien distintos podrían ser, en la actualidad, el aspecto y el estado de conservación de las marismas de Santoña, una de las joyas de los espacios naturales cántabros, refugio de miles y miles de aves acuáticas a lo largo de todo el año, especialmente durante los meses de invierno.

A mediados de la década de los ochenta del pasado siglo, varias amenazas se cernían sobre el humedal más importante del norte peninsular, como la ampliación y creación de zonas industriales, la construcción de una nueva carretera, el relleno de parte de las marismas y el vertido incontrolado desde diversos puntos y localidades. La rápida acción reivindicativa de varias asociaciones y ONG logró, por suerte, una respuesta diligente desde Europa, abriéndose un procedimiento de infracción contra España por incumplir la normativa ambiental. Se inició así, por fortuna, la protección de este singular humedal, declarándose unos años más tarde el Parque Natural de las Marismas de Santoña, Victoria y Joyel, un espacio incluido a su vez en la Red Natura 2000.

El periodo comprendido entre diciembre y febrero es el más indicado para visitar, con prismáticos y telescopio, estas afamadas marismas. Existen varios observatorios y miradores desde donde se puede disfrutar de una infinidad de aves acuáticas (que estarán más cerca o más lejos, dependiendo de las mareas); por su interés, acaparan casi toda la atención determinadas especies como los colimbos, las alcas, las barnaclas carinegras y otras anátidas, varias especies de gaviotas, las espátulas, un amplio repertorio de limícolas y otras muchas aves. Se organizan, asimismo, salidas ornitológicas en barco por el estuario del Asón durante los meses de invierno, desde el puerto de Santoña.

284. AL ENCUENTRO DE UN VISTOSO NARCISO ENDÉMICO
Narciso trompón *(Narcissus confusus)*

En los meses de febrero y marzo se inicia la llamativa y temprana floración de los narcisos trompones, uno de los narcisos de mayor tamaño de nuestra geografía, al sobrepasar el tallo de los ejemplares más grandes el medio metro de altura.

Exclusiva de la Península, esta especie se distribuye fundamentalmente por los sistemas montañosos del interior, sobre todo por el Sistema Central, aunque alcanza diversos enclaves del tercio sur peninsular. Prospera, de manera habitual, entre la hojarasca de bosques caducifolios (como melojares, castañares y abedulares), en zonas umbrías y al arrimo de arroyos de media montaña, aunque es capaz de ocupar también roquedos y otros hábitats. Al igual que otros narcisos, puede formar en ocasiones poblaciones muy numerosas, compuestas por centenares de ejemplares. A pesar de ello, es una planta escasa y protegida en diversas regiones, como ocurre en la Comunidad de Madrid, donde se halla incluida en el *Catálogo Regional de Especies Amenazadas* en la categoría de «En Peligro de Extinción».

Dado que se desarrollan al final del invierno, no es raro que estos narcisos se puedan ver cubiertos por alguna intensa nevada, sobre todo en parajes de montaña; sus vistosas y resistentes flores, emergiendo entre la nieve, ofrecen entonces una estampa única. Entre otros lugares, el castañar de El Tiemblo, en Ávila, o la Dehesa de Somosierra, en el extremo septentrional del territorio madrileño, son lugares idóneos para admirar la belleza de estas joyas florísticas, especialmente a lo largo del mes de marzo. Si visitamos estos u otros bosques, hay que evitar siempre abandonar los caminos y senderos marcados, para no causar ningún daño al entorno ni a la vegetación.

285. UNA DE LAS ÚLTIMAS FLORES DEL INVIERNO

Hepática *(Hepatica nobilis)*

En las postrimerías del invierno, en esas fechas en las que tímidamente comienzan a subir las temperaturas y los días se van alargando, varias especies inician su floración, anunciando el inminente cambio de estación. Este es el caso de la hepática, al igual que el de diferentes narcisos. Sus llamativas flores, casi siempre de tonalidades violetas, y sus hojas en forma de hígado, destacan entre la hojarasca del bosque. En la península ibérica aparecen en el interior de ambientes forestales y zonas montañosas de la mitad nororiental, a grandes rasgos, siendo más frecuente en el tercio norte. Entre otros lugares, abunda en Picos de Europa, en el Gorbeia, en Pirineos, en la Garrotxa y en el Parc Natural dels Ports.

286. CASTAÑOS Y ROBLES EN LA NIEBLA

Sierra de San Vicente (Toledo)

Al sur del valle del Tiétar, a medio camino entre las estribaciones orientales de Gredos y las primeras elevaciones de la sierra de Guadarrama, se alza la sierra de San Vicente, una alomada zona de media montaña, de especial encanto durante la segunda mitad del otoño y las primeras semanas del invierno. Además de densos melojares, en las faldas de estas sierras prosperan los mejores castañares de la provincia de Toledo, habitualmente envueltos en la niebla durante los meses más fríos. El Piélago, situado entre las localidades de Navamorcuende y El Real de San Vicente, constituye un punto de partida idóneo para recorrer y explorar estos parajes, ascendiendo al Monte de Cruces o al Cerro de San Vicente.

287. EL SANTUARIO DE LA AVIFAUNA MEDITERRÁNEA
Monfragüe (Cáceres)

Corría la primavera de 1968 cuando el añorado e insustituible Jesús Garzón llegó, por primera vez, a Monfragüe, un territorio por aquel entonces casi ignoto. Fueron unos corcheros del occidente de Cáceres quienes le desvelaron, unos meses antes, que «donde más abundaban los nidos de águilas y buitres era en la sierra de las Corchuelas». Así comenzó el idilio de este ilustre defensor de nuestra naturaleza con este mágico enclave, empecinado durante años en proteger una de las extensiones de monte mediterráneo más sobresalientes. En 1979 su lucha y su tenaz esfuerzo se vieron recompensados con la creación del Parque Natural de Monfragüe, una figura que se vería reemplazada unas décadas más tarde (en 2007, concretamente) por la de Parque Nacional.

Hoy la fama y la valía de este espacio protegido traspasan nuestras fronteras, recibiendo cada año a miles de visitantes de muy diversa procedencia; a pesar de esta popularidad, el encanto de Monfragüe sigue casi intacto, como se puede comprobar desde sus diferentes miradores, como La Portilla del Tiétar, La Higuerilla, La Tajadilla y el Puente del Cardenal. Una mención especial merecen el Salto del Gitano y el castillo de Monfragüe, lugares privilegiados para disfrutar del vuelo de los buitres leonados, acompañados por **buitres negros** [310], alimoches, **águilas imperiales ibéricas** [303], culebreras europeas, águilas reales, halcones peregrinos y cigüeñas negras (presentes a partir del mes de febrero).

Desde la pequeña aldea de Villarreal de San Carlos, dedicada enteramente al turismo, parten diversas rutas. Se pueden combinar recorridos a pie —como el sendero por La Umbría, entre el castillo y la Fuente del Francés, jalonado por madroños, brezos y alcornoques— y en vehículo propio, deteniéndose en los miradores habilitados.

288. UNA FASCINACIÓN QUE SE REMONTA A HACE MILES DE AÑOS
Búho real *(Bubo bubo)*

Desde tiempos inmemoriales, los búhos han fascinado a la humanidad. La imagen de una rapaz nocturna —posiblemente, un búho real— en la cueva de Chauvet-Pont d´Arc, en el sur de Francia, realizada hace unos 30.000 años, es de hecho una de las primeras representaciones ornitológicas realizadas por nuestros antepasados. Además de por su voluminoso porte, el mayor de los búhos del continente es conocido por su inconfundible ulular: a partir de mediados del otoño o comienzos del invierno, unos minutos después del anochecer, los búhos reales proclaman con un mayor tesón sus territorios, rompiendo con su lúgubre llamada la gélida calma nocturna en infinidad de lugares como **Monfragüe** [287], las **Barrancas de Burujón** [307], el galacho de Juslibol o Mas de Melons.

289. DESTINO SECULAR DE REBAÑOS TRASHUMANTES
Valle de Alcudia (Ciudad Real)

Las vastas llanuras adehesadas del valle de Alcudia, muy cerca de los confines meridionales de Ciudad Real, marcan la divisoria de aguas entre dos de las principales cuencas hidrográficas de nuestro país: la del Guadiana y la del Guadalquivir. Un recorrido por estas amplias dehesas, destino secular de grandes rebaños trashumantes, incluidas en el Parque Natural del Valle de Alcudia y Sierra Madrona, puede propiciar la observación de innumerables rapaces —como el **buitre negro** [310], el **águila imperial** [303] y el águila perdicera, entre otras—, de **ciervos** [204] e incluso de algún **lince ibérico** [275]. Los cercanos relieves cuarcíticos poblados de melojares, alcornocales y madroñales, bien merecen asimismo una pausada visita.

290. UN DISCRETO Y BUSCADO ALÁUDIDO
Cogujada montesina *(Galerida theklae)*

Quizás resulte sorprendente, ya que su críptico plumaje no destaca de manera especial, pero lo cierto es que la cogujada montesina es una de las aves más buscadas por los naturalistas que visitan nuestro país. Esta especie, muy parecida a la cogujada común (más frecuente en zonas agrarias), tiene su principal bastión europeo en la Península y Baleares, alcanzando sus mayores densidades en las laderas cubiertas de matorrales del sureste ibérico.

291. NUESTRO MUSTÉLIDO MÁS PEQUEÑO, EN DECLIVE
Comadreja *(Mustela nivalis)*

La comadreja, un pequeño carnívoro que muy rara vez sobrepasa los 30 cm de longitud total, es la especie de mustélido de menor talla. Presente en casi toda la Península y en Baleares, se ha constatado durante los últimos años un notable declive en sus poblaciones, si bien sigue resultando relativamente frecuente en las provincias del litoral mediterráneo. Ocupa una amplia variedad de hábitats, desde zonas costeras a enclaves de alta montaña.

292. UNA CURIOSA CONDUCTA, ÚNICA ENTRE LAS AVES EUROPEAS
Collalba negra *(Oenanthe leucura)*

Ausente del resto del continente, la collalba negra se distribuye únicamente por la península ibérica (siendo más abundante en la franja mediterránea y el valle del Ebro) y el norte de África. Este paseriforme de inconfundible coloración blanquinegra es la única ave europea que transporta y emplea piedras para construir su nido, una curiosa e inusual conducta vinculada a la reproducción, que ha despertado desde hace décadas el interés científico.

293. UNA DE LAS ÚLTIMAS GUARIDAS DE LAS «SIRENAS» EN NUESTRO LITORAL

Cabo de Gata (Almería)

Hubo un tiempo, hace no tanto, en el que todavía era posible divisar alguna *sirena* en nuestras costas. Uno de esos enclaves privilegiados era el entorno del cabo de Gata, donde se emplaza el llamado arrecife de las Sirenas, una denominación otorgada posiblemente por antiguos marineros y pescadores locales, quienes se referían con este nombre a las focas monje, conocidas también en otras zonas como lobos marinos. Rastreando la toponimia, son muchos los parajes de las costas españolas cuyo nombre revela la antigua presencia de uno de los mamíferos marinos más amenazados del mundo, extinto en nuestro litoral a lo largo de la segunda mitad del siglo pasado.

Aunque hoy en día, por desgracia, no queda ni rastro de las focas monje que habitaron en este arrecife de origen volcánico hasta hace unas décadas, son muchos los motivos para visitar este afamado cabo, mirador excepcional al mar de Alborán, el más occidental de los mares del Mediterráneo. Diversas aves, como el camachuelo trompetero, la **collalba negra** [292] y la **cogujada montesina** [290], ponen la banda sonora a este tramo del litoral andaluz, en el que se alternan calas de aguas turquesas, largas playas, agrestes acantilados, paisajes desérticos, salinas costeras y torres vigías. A partir de enero y febrero se inicia la floración de un amplio listado de especies de flora, como el dragoncillo del Cabo, el azafrán del Cabo y la albaida, entre otras.

Una red de senderos señalizados permite recorrer este rincón de la geografía almeriense, protegido a través de la figura del Parque Natural marítimo-terrestre Cabo de Gata-Níjar, declarado a su vez Geoparque Mundial por la UNESCO.

294. ANOCHECER ENTRE RUIDOSOS TROMPETEOS
Tablas de Daimiel (Ciudad Real)

Durante los meses de diciembre y enero en las Tablas de Daimiel son protagonistas, y de qué manera, las **grullas** [248]. Al caer la tarde varios miles de grullas se congregan en este humedal, envolviendo el ambiente con sus ruidosos trompeteos. El observatorio de la Isla del Pan, epicentro del Parque Nacional, al que se accede a través de un itinerario circular sobre pasarelas de madera, es uno de los mejores enclaves para presenciar la llegada de estas vocingleras aves a sus dormideros. Se puede combinar en la misma jornada una visita a otros enclaves cercanos situados en la provincia de Ciudad Real, como el **Campo de Calatrava** [337] o el **complejo lagunar de Alcázar de San Juan** [100].

295. EXPLORANDO LAS LADERAS DE LAS CIMAS MÁS ALTAS DE ALICANTE
Sierra de Aitana (Alicante)

Situada a poco más de 15 kilómetros del litoral mediterráneo, la cumbre de Aitana despunta por encima del resto de elevaciones de la provincia de Alicante, con una altitud de 1.557 metros. Si bien el acceso a la cima está restringido, al emplazarse sobre terrenos militares (dentro de una antigua base aérea americana, inaugurada en la Guerra Fría), esta sierra ofrece innumerables motivos para recorrer sus laderas y roquedos. El sendero botánico «Passet de la Rabosa» es una de las rutas de mayor interés para conocer la vertiente norte, cuyas partes más altas se suelen cubrir de nieve casi todos los inviernos, permitiendo visitar tres microrreservas de flora (Runar dels Teixos, Penya de la Font Vella y Pas de la Rabosa), con varios endemismos.

296. LAS OLVIDADAS CUMBRES MÁS ORIENTALES DE LLEIDA

Tossa Plana de Lles (Lleida)

Eclipsadas por las afiladas cumbres del cuadrante noroccidental de la provincia, donde se yerguen las cimas más altas de Cataluña, las elevaciones más orientales de Lleida, a pesar de su innegable atractivo, no suelen recibir una excesiva atención, a diferencia de los once «tresmiles» catalanes, esparcidos por el **Alt Pirineu** [15] y el Parque Nacional de **Aigüestortes i Estany de Sant Maurici** [137].

El comienzo del invierno, con la equipación adecuada (las raquetas de nieve son fundamentales), es un periodo idóneo para ascender a alguna de estas montañas leridanas, situadas varias de ellas en la muga con Andorra. En los bosques de coníferas, dominados por el **pino negro** [350], abundan diversos paseriformes forestales, como el verderón serrano, el reyezuelo sencillo, el piquituerto y el **herrerillo capuchino** [349], dando paso a otras especies en las zonas más elevadas y de alta montaña, donde es posible detectar algún **lagópodo alpino** [146], mirlo capiblanco, **acentor alpino** [336] y **quebrantahuesos** [214].

Entre otras muchas opciones, se puede ascender a la Tossa Plana de Lles o Pic de la Portelleta (2.904 m), desde el refugio Cap del Rec (hasta donde se puede llegar en coche), realizando un recorrido circular. El primer tramo discurre por el GR-10-11, atravesando un magnífico pinar, hasta alcanzar el refugio Pradell, girando entonces al norte, rumbo a la cumbre. El regreso se puede acometer pasando por el pintoresco Estany de l'Orri, habitualmente helado en estas fechas. Antes de iniciar la ruta resulta imprescindible consultar las previsiones meteorológicas y llevar guardado el recorrido o track; conviene siempre extremar las precauciones, sobre todo en rutas de alta montaña, donde las condiciones pueden cambiar rápidamente.

297. UN TESORO ORNITOLÓGICO CANARIO, PRESENTE SOLO EN TRES ISLAS

Avutarda hubara africana *(Chlamydotis undulata)*

Incluida en la misma familia que el **sisón común** [49] y la **avutarda euroasiática** [28], la hubara es una de las joyas ornitológicas de Canarias, donde habita una subespecie endémica del archipiélago. Según los últimos censos, se estima que quedan menos de 600 hubaras repartidas por las tres islas más orientales, concentrándose la mayoría de ellas (en torno al 80 %) en los llanos y jables de Lanzarote, además de estar presente en Fuerteventura y, en menor medida, en **La Graciosa** [206]; dada su crítica situación, se considera «En Peligro de Extinción» en el *Catálogo Nacional de Especies Amenazadas*. En invierno tienen lugar las singulares carreras de exhibición de los machos, con la cabeza hacia atrás, mostrando las plumas blancas del pecho.

298. UN FASCINANTE PERIPLO EVOLUTIVO, DE ARCHIPIÉLAGO EN ARCHIPIÉLAGO

Pinzón vulgar de Canarias *(Fringilla canariensis)*

La historia evolutiva de los pinzones vulgares de Canarias, recientemente «ascendidos» a la categoría de especie, es fascinante. Los últimos estudios realizados, mediante el análisis de árboles filogenéticos, han desvelado los orígenes de estos fringílidos: del continente europeo, los pinzones vulgares colonizaron en primera instancia las Azores, a pesar de su lejanía, desde donde pasaron a Madeira y de ahí, en último lugar, «dieron el salto» a Canarias. Está presente en las cinco islas más occidentales, en entornos forestales, sobre todo en zonas de **laurisilva** [266]; resulta fácil de observar a lo largo de todo el año, por ejemplo, en **Los Tilos** [280]; en el Barranco del Cedro, en **Garajonay** [299]; y en la península de Anaga.

299. LA MEJOR REPRESENTACIÓN DE LA LAURISILVA CANARIA
Garajonay (La Gomera)

Envueltas en permanentes nieblas, arrastradas desde el Atlántico por los vientos alisios, las inaccesibles laderas y cumbres del centro de La Gomera custodian desde la Era Terciaria una de las joyas de la corona de la naturaleza canaria: los bosques de **laurisilva** [266] o monteverde de Garajonay, el primer espacio natural de nuestro país incluido en la Lista de Patrimonio Mundial de la UNESCO (en 1986), catalogado unos años antes como Parque Nacional. Una completa red de itinerarios, miradores y áreas recreativas permite descubrir estas antiquísimas forestas, cuyo exuberante verdor se ve interrumpido únicamente por los roques, unos singulares e icónicos domos volcánicos que dotan de una especial personalidad a Garajonay.

300. UN EDÉN ORNITOLÓGICO, A LOS PIES DE LA MONTAÑA SAGRADA MAJORERA
Llanos de Tindaya (Fuerteventura)

La segunda isla más grande del archipiélago canario, solo superada en extensión por Tenerife, atesora un amplio abanico de enclaves de innegable valor paisajístico y natural, como los llanos de Tindaya. Esta amplia zona desértica, esparcida al oeste de la montaña sagrada para los *majos* (declarada Monumento Natural), alberga una insuperable representación de especialidades ornitológicas propias de estos ambientes áridos y pedregosos, destacando la tarabilla canaria (exclusiva de Fuerteventura), la **avutarda hubara** [297], el corredor sahariano, el bisbita caminero y el guirre o alimoche, además de la ganga ortega, la **curruca tomillera** [30], la **terrera marismeña** [85] y el camachuelo trompetero. La zona se puede recorrer a pie o en coche, sin salir de las pistas, evitando causar cualquier molestia a las aves y al resto de especies.

301. EL ÚLTIMO REFUGIO DEL GRAN FELINO IBÉRICO

Sierra de Andújar (Jaén)

Conformada por una sucesión de alomados valles, en el noroeste de Jaén, allí donde confluyen los límites de la provincia con las vecinas tierras cordobesas y manchegas, la sierra de Andújar custodia una de las mejores representaciones de monte mediterráneo de nuestra geografía. Varios afluentes del «río Grande» —como llamaron los árabes al Guadalquivir— discurren por estos paisajes de granitos y pizarras, en donde quedaron acantonados los últimos **linces ibéricos** [275], emblema indiscutible de este espacio protegido andaluz. El itinerario entre Los Escoriales y el embalse del Jándula puede deparar, con suerte, un encuentro con el gran felino (sobre todo, en los miradores habilitados unos 4 km antes de la presa), siendo además habitual observar ciervos, gamos, jabalíes, **águilas imperiales** [303], **buitres negros** [310] y leonados.

302. LAS DEHESAS QUE, POR SUERTE, NO LLEGARON A CONVERTIRSE EN UN CAMPO DE TIRO

Cabañeros (Ciudad Real)

La historia de la conservación en nuestro país está repleta de éxitos y, por qué no decirlo, de algún que otro fracaso. Esto último pudo suceder en Cabañeros, un entorno sobre el que planeó la amenaza de verse convertido en un campo de tiro militar a comienzos de los ochenta del pasado siglo; por suerte, el proyecto generó un importante rechazo social y ecologista, propiciando unos años después la protección de estos parajes únicos tras un largo proceso, que culminó con la declaración del Parque Nacional de Cabañeros en 1995. Además de recorrer las dehesas de las rañas (en rutas en 4x4, contratadas), donde abundan los **ciervos** [204] y un sinfín de rapaces, resulta más que recomendable visitar otros enclaves, como el Boquerón del Estena o la Ruta del Chorro.

303. LA RECUPERACIÓN DEL EMBLEMA DE NUESTRA AVIFAUNA

Águila imperial ibérica (Aquila adalberti)

A mediados del siglo xx la suerte de muchas especies de nuestra fauna cambió, de una manera drástica y fatídica, con la aprobación del *Decreto de 11 de agosto de 1953,* «por el que se declara obligatoria la organización de las Juntas Provinciales de Extinción de Animales Dañinos y Protección a la Caza». Con el espeluznante fin de «procurar el suministro y distribución de venenos, lazos y demás medios de extinción», los alimañeros exterminaron cientos de miles de aves, mamíferos y reptiles, en tan solo unos años. Una barbarie inconcebible, que estuvo a punto de causar la desaparición definitiva de muchas especies, incluyendo el águila imperial ibérica.

En 1974 se estimó que quedaban, únicamente, 39 parejas de águilas imperiales. La preocupación se extendió entre la comunidad científica, ya que esta cifra situaba a una de nuestras joyas aladas entre las rapaces más amenazadas del mundo. Su protección, ligada a una mayor concienciación ambiental (¡cuánto bien hicieron los mensajes de Félix Rodríguez de la Fuente!), fue dando sus frutos y sus efectivos fueron aumentando. Paso a paso, año a año, trabajando desde diferentes frentes, se ha logrado sobrepasar la impensable barrera del millar de parejas reproductoras.

Castilla-La Mancha constituye el principal bastión de esta rapaz exclusiva de la Península, especialmente Toledo, una provincia en la que se concentra una tercera parte de su población total. Andalucía, Castilla y León, la Comunidad de Madrid y Extremadura cuentan asimismo con un importante número de territorios. En diciembre y enero se inicia su periodo de mayor actividad, emitiendo en vuelo su inconfundible llamada, un evocador sonido que por fortuna cada año se puede escuchar en más zonas de nuestra geografía.

304. LAS NÍVEAS FLORES QUE DESPIDEN AL INVIERNO

Narcissus cantabricus

Las blancas flores de esta especie de narciso, de pequeño porte, se abren entre los meses de febrero y marzo, despidiendo a la estación invernal. Se esparce por zonas de media montaña de Andalucía, Castilla-La Mancha, Extremadura y Madrid (lejos del Cantábrico, a pesar de lo que se puede deducir erróneamente de su desacertado epíteto), así como por el norte de África, prosperando en praderas, encinares, jarales y roquedos.

305. ANTICIPO DE LA LLEGADA DE LA PRIMAVERA

Floración de los almendros

Como anticipo de la inminente llegada de la primavera, la espectacular floración de los almendros acapara toda la atención en diversas regiones peninsulares, así como en Baleares, durante los últimos compases del invierno. En Granada, Murcia, Albacete, Almería o Zaragoza, entre otras provincias, los almendros cubren amplias superficies, tiñendo el paisaje con sus blancas flores (que exhiben, curiosamente, antes de que se desarrollen las hojas).

306. OLIVARES TRADICIONALES, LLENOS DE VIDA

Olivares de la Subbética (Córdoba)

Esparcidos por las faldas de las sierras Subbéticas, cerca del extremo suroriental de Córdoba, se localizan algunos de los olivares tradicionales más notables de Andalucía. Hasta donde se pierde la vista, aquí el campo está peinado *por el sol canicular, / de loma en loma rayado / de olivar y de olivar,* como cantaba Machado. Sirven de refugio, estos viejos olivos centenarios, a especies como el **mochuelo** [309], el **lagarto ocelado** [56] y el **picogordo** [213].

307. UN ENCLAVE SORPRENDENTE, A ORILLAS DEL TAJO

Barrancas de Burujón (Toledo)

Tras bordear la capital castellanomanchega, el río Tajo dibuja en su tramo medio una serie de sinuosos meandros, antes de ver sus aguas remansadas por la presa de Castrejón. Hacia este embalse hay que poner rumbo para ensimismarse ante uno de los paisajes más asombrosos de la provincia de Toledo, un conjunto de cárcavas, barrancas y angostos escarpes que se desploman, varias decenas de metros, hasta las orillas del río más largo de la Península. Una ruta, habilitada con varios miradores y barandillas, recorre la parte superior de estos acantilados arcillosos, ofreciendo una inmejorable panorámica de las Barrancas y el embalse. Se recomienda visitar este paraje al atardecer, con el aliciente de poder localizar algún **búho real** [288] al caer la noche.

308. LAS FLORES ENDÉMICAS QUE ANUNCIAN EL FINAL DEL INVIERNO

Azafrán serrano (*Crocus carpetanus*)

La aparición de las flores del azafrán serrano, una especie que crece exclusivamente en diversas sierras y zonas montañosas del centro y el oeste de la geografía ibérica, es una señal inequívoca de que el invierno está más cerca de su fin. Resulta muy abundante en la sierra de Guadarrama, donde fue precisamente descubierta y descrita a mediados del siglo XIX (por Boissier y Reuter, dos prolíficos naturalistas europeos), creciendo en el sotobosque de melojares y pinares, así como en pastizales y praderas en zonas rocosas. A pesar del grácil y delicado aspecto de sus flores, de coloración habitualmente violeta o azulada, se ha constatado que son capaces de aguantar estoicamente las últimas nevadas invernales, antes de que se instaure la primavera.

309. UNA POPULAR AVE, CADA VEZ MENOS FRECUENTE
Mochuelo europeo (Athene noctua)

De la misma manera que está aconteciendo con otras especies de aves ligadas a los entornos agrarios, durante las últimas décadas se ha constatado un preocupante y notorio declive de las poblaciones de mochuelo, derivado de la intensificación y la transformación que está teniendo lugar en nuestros campos. Así, según el programa SACRE, de SEO/BirdLife, esta popular rapaz nocturna pudo haber perdido... ¡más de la mitad de sus efectivos en solo 20 años, entre 1998 y 2018! En España, país en el que se registran las mayores densidades del continente, está presente en casi toda la Península (evitando las principales zonas de montaña), en Baleares y en Ceuta y Melilla (donde nidifica otra subespecie diferente).

310. LA MAYOR RAPAZ EUROPEA >
Buitre negro (Aegypius monachus)

Año a año, la población de buitre negro crece en nuestro país, aumentando en cada censo el número de efectivos establecidos en las diferentes comunidades autónomas. Unas 4.000 parejas podrían nidificar en España, una cifra inimaginable hace tan solo unas décadas, si echamos la vista atrás, cuando se estimaba que apenas habría 200 nidos de buitre negro en toda España. Sobresalen, por su importancia, las provincias de Cáceres —destacando **Monfragüe** [287] y la sierra de San Pedro— y Ciudad Real, con más de la mitad de las parejas reproductoras. Fácil de diferenciar del buitre leonado, por su coloración oscura más homogénea, el buitre negro es la mayor rapaz europea, con una envergadura que roza los 3 metros.

311. UN PAISAJE SALINO DE INCALCULABLE VALOR BOTÁNICO Y ORNITOLÓGICO

Saladares del Guadalentín (Murcia)

Flanqueado por los relieves de **sierra Espuña** [14], al oeste, y El Valle y Carrascoy, al este, en torno al tramo medio del Guadalentín se ubica el Paisaje Protegido de los Saladares del Guadalentín, un mosaico de ecosistemas incluido a su vez en la Red Natura 2000. Su principal valía se concentra en las zonas de vegetación natural, cubiertas por estepas salinas, matorrales halófilos y bosques de tarayes; predominan aquí plantas muy singulares, perfectamente adaptadas a estos ambientes, como diversas quenopodiáceas *(Arthrocnemum macrostachyum, Halocnemum strobilaceum, Sarcocornia fruticos y Salicornia ramosissima)* y el tomillo sapero *(Frankenia corymbosa)*. Abundan asimismo las aves, siendo posible detectar ganga ortega, **sisón común** [49], alcaraván común, **terrera marismeña** [85], **cogujada montesina** [290] y **curruca tomillera** [30], entre otras.

312. ADMIRANDO UN ANTIGUO VOLCÁN, DE MÁS DE SIETE MILLONES DE AÑOS DE ANTIGÜEDAD

Edificio volcánico de Cancarix (Albacete)

El edificio volcánico de Cancarix, declarado Monumento Natural, es uno de los mejores ejemplos de nuestra geografía de domo volcánico. Esta mole rocosa, cuya cumbre sobrepasa los 700 m de altitud, se originó durante el Mioceno, hace unos siete millones de años. Su singular geomorfología es el resultado del relleno de la lava, a partir de diferentes explosiones volcánicas, y de su posterior erosión. Dos rutas geológicas recorren la vertiente meridional de esta elevación del sureste de Albacete, de fácil acceso desde la autovía A-30. Una mención especial merece, asimismo, la vegetación de este paraje, muy parecida a la que predomina en algunas zonas costeras de las provincias bañadas por el Mediterráneo, con pinos carrascos, espartales y tomillares, acompañados por otras especies como la albaida o boja.

313. UN INELUDIBLE DESTINO ORNITOLÓGICO, CON OTROS MUCHOS ALICIENTES

San Pedro del Pinatar (Murcia)

Con más de 220 especies de aves registradas, el Parque Regional de las Salinas y Arenales de San Pedro del Pinatar es el espacio natural de la Región de Murcia que ostenta el listado ornitológico más extenso. En estas salinas es posible disfrutar, con ayuda de unos prismáticos, de una infinidad de coloridos **flamencos** [314], una amplia gama de limícolas —avocetas, cigüeñuelas, vuelvepiedras, archibebes, chorlitos, chorlitejos, combatientes, correlimos y agujas— y muchas otras aves, como la **gaviota de Audouin** [236], el **zampullín cuellinegro** [88], el charrán patinegro y la **terrera marismeña** [85]. Una red de pasarelas conecta la carretera con la playa, atravesando una interesante zona de dunas cubiertas de pinos, sabinas moras y vegetación halófila, frecuentada por **camaleones** [196] (en verano y otoño, sobre todo).

314. UNA DE NUESTRAS AVES MÁS ELEGANTES

Flamenco común *(Phoenicopterus roseus)*

De inconfundible silueta y vistosa coloración, el flamenco es indudablemente una de nuestras aves más elegantes. Resulta fácil de observar en diversos humedales peninsulares de la costa mediterránea y el suroeste atlántico, así como en varias lagunas del interior de Andalucía y Castilla-La Mancha. En nuestro país está presente durante todo el año, si bien resulta más abundante durante los meses de invierno, época en la que recibimos un importante contingente de flamencos procedente de otros países del Mediterráneo. La población reproductora en España, que oscila entre diez y veinte mil parejas, según los años, se concentra en contados enclaves, destacando especialmente la laguna de Fuente de Piedra, además de las marismas del Odiel y el Guadalquivir, la laguna de Pétrola y el **Delta del Ebro** [215].

315. EL REINO DE LAS MONTAÑAS DE FUEGO

Timanfaya (Lanzarote)

Durante seis largos años, entre 1730 y 1736, un violento episodio eruptivo transformó para siempre la fisionomía del centro y el oeste de Lanzarote, al emerger un reguero de asoladores volcanes. A pesar del transcurrir del tiempo, sigue impresionando el adentrarse en esta tierra de montañas de fuego, declarada Parque Nacional. Existen varios recorridos (guiados, previa reserva), además de la «ruta de los volcanes», que se realiza exclusivamente en *guagua*.

316. LOS ÁRBOLES (AUTÓCTONOS) MÁS ALTOS DE ESPAÑA

Pinares de pino canario

Repartidos por las islas de Tenerife, Gran Canaria, La Palma y El Hierro, los pinares canarios se extienden por encima del dominio de la **laurisilva** [266], en la vertiente norte, y de los bosques termófilos, en la vertiente sur de estas islas. Los pinos canarios, capaces de crecer sobre terrenos volcánicos recientes, son los árboles autóctonos de nuestro país que se alzan a una mayor altura, sobrepasando excepcionalmente los 50 metros.

317. ANOCHECERES MÁGICOS, SOBRE UN MAR DE NUBES

Caldera de Taburiente (La Palma)

Pocas experiencias pueden superar a la de vivir un anochecer desde lo alto de la Caldera de Taburiente. La segunda isla más elevada del archipiélago canario regala, por encima de los dos mil metros de altitud, la contemplación de uno de los mejores cielos nocturnos del planeta, como se puede comprobar bien entrada la noche desde los miradores situados en los límites del Parque Nacional, en las inmediaciones del Roque de los Muchachos.

318. AMANTES DE LAS AGUAS TEMPLADAS
Calderón tropical *(Globicephala macrorhynchus)*

Estrechamente emparentados con los delfines y las orcas, los calderones son unos cetáceos realmente asombrosos. Tres especies están presentes en nuestras aguas: el calderón gris, el calderón común o de aleta larga y el calderón tropical, resultando este último el más abundante y frecuente en las Islas Canarias.

A escala global se distribuye por todos los océanos, en latitudes tropicales y subtropicales, habitando siempre en aguas cálidas. Los ejemplares adultos alcanzan un tamaño considerable, de más de 6 metros, llegando a pesar los individuos más grandes alrededor de 4 toneladas. Al igual que otros cetáceos, son unos buceadores prodigiosos, alimentándose de calamares y otras presas en aguas muy profundas, al ser capaces de sumergirse con una facilidad pasmosa a varios cientos de metros de la superficie.

En aguas del archipiélago canario se estima que hay unos dos millares de ejemplares, una cifra considerable. Sobresale, en mayor medida, la población establecida entre el suroeste de Tenerife y el este de la isla de La Gomera, un enclave marino privilegiado, en el que se concentran diversas especies de cetáceos; esta zona, curiosamente, alberga una de las pocas poblaciones conocidas de calderones tropicales residentes, es decir, que no realizan desplazamientos migratorios, estando presentes en la misma área durante todo el año. Los calderones tropicales son muy gregarios, ya que viven siempre en grupos familiares, de unos veinte individuos o más, lo que facilita su localización desde la costa o navegando. Varias empresas organizan salidas en diferentes tipos de embarcaciones desde las localidades costeras del sur de Tenerife, en busca de calderones, delfines, tortugas marinas y diversas aves: la **pardela cenicienta atlántica** [267] resulta muy numerosa entre la primavera y el otoño.

319. UNA ESPECIE INVERNANTE, DE ATRACTIVO DISEÑO

Colimbo chico *(Gavia stellata)*

Expertos nadadores y buceadores, los colimbos son unas de las aves más buscadas en el norte peninsular durante los meses de invierno. De atractivo plumaje, el colimbo chico resulta poco frecuente, si bien en determinados enclaves se registra con cierta regularidad, como en la bahía de Txinguidi, en el Abra, en la bahía de Santander, en A Lanzada y, muy especialmente, en **Santoña** [283], donde puede coincidir con otras dos especies de colimbos, el grande y el ártico.

320. VIAJEROS PROCEDENTES DE GÉLIDAS LATITUDES

Escribano nival *(Plectrophenax nivalis)*

Suerte y paciencia es lo que se requiere para toparse con uno de los paseriformes invernantes en la Península más escasos, procedente de lejanas latitudes norteñas. Esta especie, que nidifica en la tundra ártica, en Escandinavia y en otras regiones circumpolares, tiene una cierta predilección durante el invierno por los arenales, dunas y otros hábitats costeros. En Galicia y la cornisa Cantábrica se concentra la práctica totalidad de observaciones.

321. INDICADOR DEL ESTADO DE SALUD DE NUESTROS RÍOS

Mirlo acuático europeo *(Cinclus cinclus)*

Capaz de sumergirse en tramos fluviales de fuertes corrientes, así como de «caminar» por el lecho de los ríos, debajo del agua, el mirlo acuático presenta diversas adaptaciones más que sorprendentes, como una membrana en la narina, su forma hidrodinámica, sus fuertes patas o su curvado pico, para levantar piedras en busca de invertebrados. En la Península vive en ríos de montaña de aguas siempre limpias, siendo mucho más frecuente en la mitad norte.

322. UN MANTO BLANCO SOBRE LA LAGUNA NEGRA
Laguna Negra (Soria)

Como resultado de la acción glaciar acontecida hace varias decenas de miles de años, hoy podemos admirar un reguero de pintorescas lagunas repartidas en torno a las cumbres más altas del Sistema Ibérico. Entre ellas destacan las lagunas incluidas en el Parque Natural de las Lagunas Glaciares de Neila (Burgos), en el Parque Natural de la Sierra de Cebollera (La Rioja) y en el Parque Natural de la Laguna Negra y Circos Glaciares de Urbión (Soria).

Es en este último espacio protegido, como anticipa su nombre, en el que se halla la Laguna Negra, uno de los enclaves naturales más populares de la provincia soriana, salpicado de pinos albares o silvestres (varios de ellos, colosales), hayas, temblones, robles albares, tejos, abedules y **serbales de cazadores** [226]. El acceso a este humedal se realiza desde un amplio aparcamiento, desde donde se puede ascender hasta orillas de la laguna por un sendero señalizado, a través del pinar «Senda del Bosque», o por la pista asfaltada (2 km, solo ida). Una pasarela de madera, habilitada con varios paneles interpretativos y algún banco, bordea parte de la laguna y ofrece unas vistas inmejorables. Si se dispone de más tiempo y cierta experiencia en montaña, se recomienda subir hasta el mirador de la laguna y continuar en dirección noroeste, siguiendo el GR-86, un completo recorrido que permite alcanzar la cumbre del Pico Urbión (2.228 m), pasando junto a otras lagunas glaciares del Parque Natural (Laguna Helada y Laguna Larga).

Durante el invierno son frecuentes las nevadas en esta zona montañosa, ofreciendo una estampa única. Conviene ir, no obstante, debidamente abrigados y equipados. El acceso por carretera hasta el aparcamiento, si ha nevado recientemente, puede estar cortado.

323. UN LABERINTO DE CASCADAS, CUEVAS Y GRUTAS
Monasterio de Piedra (Zaragoza)

Cerca del extremo suroccidental de la provincia de Zaragoza se ubica uno de los parajes más espectaculares y de mayor popularidad de la región aragonesa, un parque y jardín histórico situado en torno a un antiguo monasterio cisterciense, en el tramo medio del río Piedra. Un itinerario bien señalizado recorre este singular laberinto de cascadas, saltos de agua, lagos, grutas y cuevas; una especial admiración despiertan, por ejemplo, las cascadas de la Caprichosa, de los Chorreaderos o la Cola de Caballo, además de la sorprendente Gruta Iris. Entre otras especies de aves, son habituales el buitre leonado, el pico picapinos, la lavandera cascadeña y el esquivo **picogordo** [213]. El acceso al parque es de pago, adquiriendo una entrada.

324. LA ESPECTACULAR SURGENCIA KÁRSTICA QUE «REVIENTA» TRAS LAS LLUVIAS
Nacimiento del río Mundo (Albacete)

Pocos espectáculos hay tan llamativos en nuestra geografía, con el agua como principal protagonista, como el «reventón» del río Mundo, término que se emplea para describir la explosiva surgencia hídrica que acontece, en días excepcionales, desde la cueva de los Chorros, una kilométrica cavidad que recorre las entrañas del Calar del Mundo. Tras jornadas de intensas lluvias, las cascadas que forma el río Mundo en su nacimiento resultan sobrecogedoras y ensordecedoras, llegando a inundar buena parte del entorno (conviene, por ello, tener la máxima precaución si se visita la zona durante el periodo de mayor caudal). El Parque Natural de Los Calares del Mundo y de la Sima ofrece la posibilidad de realizar otras muchas rutas, como la exigente GR-66, de varias etapas.

325. UN MIRADOR EXCEPCIONAL, EN EL PASO ENTRE LA MONTAÑA PALENTINA Y LA LIÉBANA

Mirador de Piedrasluengas (Palencia)

A los pies del afilado cordal de Peña Labra, una suerte de proa pétrea cuya cumbre rebasa con creces los dos mil metros de altitud, el mirador de Piedrasluengas, situado junto al puerto homónimo, regala una de las panorámicas más extraordinarias de toda la cordillera Cantábrica. En días despejados, especialmente durante los primeros compases del invierno, con las cumbres nevadas y los bosques caducifolios luciendo los últimos retazos de sus galas otoñales, la visión de los Macizos Central y Oriental de Picos de Europa resulta sublime, acompañados por la agreste y cercana peña Ciqueras o Brez, al oeste, y por la ondulada silueta de la sierra de Peña Sagra, al este.

326. UN IMPORTANTE REDUCTO PARA LAS AVES ESTEPARIAS, SORPRENDENTEMENTE «OLVIDADO»

Comarca de La Sagra (Toledo)

Dada su incuestionable riqueza ornitológica, no se explica cómo la comarca de La Sagra ha permanecido «olvidada» y desprotegida durante tanto tiempo. El mosaico agrario que aún perdura en amplias zonas de este territorio toledano, muy próximo a la linde con el ámbito madrileño, sirve de refugio para un sinfín de aves esteparias, con poblaciones notables de **avutardas** [28], **sisones** [49], **aguiluchos cenizos** [5] y pálidos, **cernícalos primillas** [6] y muchas otras aves. La localidad de El Viso de San Juan constituye un muy buen punto de partida para recorrer y prospectar estas llanuras cerealistas, sobre todo a partir del final del invierno y el inicio de la primavera, procurando en todo momento minimizar cualquier molestia a las aves.

327. TRAS LOS PASOS DE FÉLIX RODRÍGUEZ DE LA FUENTE

Barranco del río Dulce (Guadalajara)

Son muchos los enclaves y espacios naturales de nuestra geografía en los que Félix Rodríguez de la Fuente, el gran Félix, un naturalista y divulgador irremplazable, grabó los diferentes episodios de su documental *El hombre y la Tierra*, emitido en los años setenta del siglo pasado. Entre todos esos parajes, despunta sin duda el Barranco del río Dulce, un inmejorable escenario natural en el que se rodaron decenas de capítulos.

Por ello, y por sus vistas panorámicas, el Mirador de Félix Rodríguez de la Fuente, erigido tras su muerte en 1980, constituye posiblemente el mejor punto de partida para visitar este Parque Natural de la provincia de Guadalajara. Este balcón natural, situado junto a la sinuosa carretera GU-118, ofrece una visión sublime de la Hoz de Pelegrina, un angosto y escarpado cañón calcáreo labrado con tesón por el río Dulce, sobrevolado diariamente por decenas de buitres leonados, en compañía de otras rapaces, como el águila perdicera, el águila real o el halcón peregrino.

Desde la localidad de Peregrina parten diversas rutas de senderismo, como la popular «Senda de la Hoz de Pelegrina», que discurre cómodamente junto al bosque de ribera del río Dulce. Se puede combinar con otros recorridos, como el de la «Senda del Mirador de la cascada del Gollorío» o con el GR-10, en dirección a La Cabrera y Aragosa. Las fechas más indicadas para visitar este espacio protegido son el otoño, sobre todo desde mediados de octubre, época en la que las hojas de los árboles riparios tornan del verde a intensas tonalidades doradas, así como las primeras semanas del invierno, con los quejigos luciendo su coloración más llamativa en las laderas y barrancos.

328. UNO DE LOS MUCHOS TESOROS NATURALES DEL DESDEÑADO SURESTE MADRILEÑO

Laguna de las Esteras (Madrid)

Apuntaba certeramente Miguel de Unamuno a comienzos del siglo pasado, en uno de sus ensayos, que «la inmensa mayoría de los que viven en Madrid ignoran que hay pocas capitales que tengan alrededores más hermosos». Una afirmación que bien podría seguir vigente a día de hoy, sobre todo en lo que se refiere al sureste madrileño, cuyos valores naturales son habitualmente desdeñados. La laguna de las Esteras, situada en el municipio de Colmenar de Oreja, es solo una de las muchas sorpresas que depara esta comarca. En este humedal hipersalino, que se seca por completo durante los meses más cálidos, se dan cita interesantísimas comunidades vegetales en las que predominan diferentes plantas halófilas, como el **coralillo** [161].

329. UNA COLOSAL ENCINA, CON VARIOS SIGLOS DE EDAD

Encina centenaria de la Pica (Madrid)

En un alto páramo alcarreño, a medio camino entre las localidades de Olmeda de las Fuentes, Ambite y Villar del Olmo, no muy lejos del valle del Tajuña, es posible admirar una de las encinas más voluminosas y longevas de la Comunidad de Madrid. Son varios los caminos que conducen hasta este colosal árbol, entre dehesas y campos de cereales. Y qué mejor ocasión, una vez se haya divisado su copa, para rememorar los emotivos versos de Machado: *El campo mismo se hizo / árbol en ti, parda encina. / Ya bajo el sol que calcina, / ya contra el hielo invernizo, / el bochorno y la borrasca, / el agosto y el enero, / los copos de la nevasca, / los hilos del aguacero, / siempre firme, siempre igual, / impasible, casta y buena.*

330. UN RECÓNDITO Y FOTOGÉNICO HAYEDO

Hayedo de Otzarreta (Bizkaia)

El comienzo del invierno puede ser un momento idóneo para visitar este fotogénico hayedo, enclavado en el Parque Natural del Gorbeia, muy cerca de su extremo oriental. Las húmedas hojas recién caídas de las hayas, de oscuras tonalidades doradas, alfombran el suelo de este bosque mágico, en contraste con el intenso verdor de los musgos que recubren las hayas, habitualmente envueltas entre nieblas en estas fechas.

331. REMONTANDO EL VALLE DE BELAGUA

Macizo de Larra (Navarra)

Si las condiciones de nieve lo permiten, el ascenso por la estrecha carretera que remonta la cabecera del río Belagua hasta llegar al collado fronterizo de la Piedra de San Martín (en la que se sigue celebrando, en julio, la secular tradición del tributo de las tres vacas), permite admirar un majestuoso reguero de cumbres pirenaicas, incluyendo una treintena de «dosmiles», como la Mesa de los Tres Reyes, en la muga entre Navarra, Aragón y Francia.

332. UN PARAJE IDÍLICO, EN «TEMPORADA BAJA»

Nacedero del Urederra (Navarra)

Con una elevada afluencia de visitantes durante el otoño (motivo por el cual hubo que limitar el aforo a 500 personas al día, hace unos años), la Reserva Natural del Nacedero del Urederra mantiene también su encanto en invierno, con el aliciente de pasear por este idílico rincón del Parque Natural de Urbasa y Andía con un mayor sosiego. Desde Baquedano parte la única ruta (6 km, ida y vuelta) que discurre por este espacio natural protegido.

333. AL ENCUENTRO DE LA MAYOR CONCENTRACIÓN DE PINSAPOS CENTENARIOS

Sierra de las Nieves (Málaga)

En determinadas serranías gaditanas y malagueñas, allí donde se registra la pluviosidad anual más elevada de todo el ámbito ibérico, prosperan las únicas formaciones de **pinsapos** [348] de nuestro país, una singular especie de abeto, restringida al sur de la Península y al norte de Marruecos. Los mejores pinsapares, concretamente, se pueden admirar en el Parque Nacional de la Sierra de las Nieves.

Este espacio protegido andaluz —que fue el tercer Parque Nacional en declararse en la región, tras **Doñana** [34] y **Sierra Nevada** [163]— brinda la posibilidad de internarse, a través de diferentes senderos señalizados, en estos bosques únicos, considerados en muchas ocasiones como una de las formaciones arbóreas más originales de la Península, junto con los sabinares albares. Varios itinerarios permiten encaramarse, a su vez, a la cumbre de la Torrecilla (1.918 m), excelsa atalaya para contemplar estos relieves calcáreos.

Entre otros lugares de interés, se puede ascender en vehículo propio desde la localidad de Yunquera hasta el Mirador de Puerto Saucillo, un entorno con abundantes pinsapos. Una mención especial merece el Pinsapar de Ronda, fácilmente accesible desde el Área Recreativa Los Quejigales, una densa masa forestal en la que prospera la mayor concentración de pinsapos centenarios, esparcidos por diferentes vaguadas y barrancos (como las cañadas de Enmedio y del Cuerno), por las que se debe pasear sin ninguna prisa; porque, si «a la contemplación de un árbol podría dedicar uno la vida entera», como apuntaba Giner de los Ríos, qué menos que detenerse unos cuantos minutos, olvidándonos del reloj, para admirar debidamente y rendir pleitesía a estos viejos abetos de varios siglos de antigüedad, verdaderos tesoros de nuestra naturaleza.

INVIERNO

334. UNA COLORIDA AVE, DE NOMBRE ONOMATOPÉYICO

Ganga ibérica *(Pterocles alchata)*

Con la llegada de los meses más fríos, las gangas ibéricas forman bandos de decenas o centenares de individuos. A pesar de estar en declive, las estepas y zonas áridas del valle del Ebro y, especialmente, de Castilla-La Mancha, albergan todavía importantes poblaciones de esta fascinante ave gregaria, cuyo nombre deriva del distintivo sonido que emiten en vuelo («gaaa..., gaaa...»), muy útil para detectarla incluso desde distancias lejanas.

335. UN HÁBIL CAZADOR DE TOPILLOS

Búho campestre *(Asio flammeus)*

A partir de mediados de otoño nuestro país recibe la llegada de una importante proporción de la población europea de búhos campestres, por lo que los meses más fríos del año son muy apropiados para intentar localizar a esta rapaz de hábitos crepusculares o diurnos. Es más abundante en determinadas zonas agrarias del interior peninsular, como por ejemplo en el entorno de **Villafáfila** [338], donde se alimenta de topillos y otros micromamíferos.

336. LIGADO A LA ALTA MONTAÑA

Acentor alpino *(Prunella collaris)*

El acentor alpino es uno de los más claros representantes de la avifauna de la alta montaña, junto con otras especies como el **lagópodo alpino** [146], el gorrión alpino, la chova piquigualda o el treparriscos. En España nidifica en los sistemas montañosos más elevados, sobre todo en Pirineos, en la cordillera Cantábrica y en Sierra Nevada. En invierno desciende a cotas más bajas, lo que permite su observación sin acometer exigentes subidas.

337. UN RECORRIDO ENTRE ANTIGUOS VOLCANES Y AVES ESTEPARIAS
Campo de Calatrava (Ciudad Real)

Ocupando buena parte del centro de la provincia de Ciudad Real, la alomada comarca del Campo de Calatrava sobresale por su singular patrimonio geológico, como avala la declaración de este territorio como Geoparque Mundial, por parte de la UNESCO. Son aquí protagonistas, y de qué manera, los volcanes, varios de ellos declarados monumentos naturales, como la «Laguna Volcánica de Michos», el «Volcán y Laguna de Peñarroya», la «Laguna y Volcán de La Posadilla» y la «Hoya de Cervera», entre otros. Una mención especial merece, a su vez, su importancia ornitológica, siendo esta una de las mejores zonas del país para disfrutar de las aves esteparias, sobre todo en invierno, con importantes concentraciones de **avutardas** [28], **sisones** [49], **gangas ibéricas** [334] y ortegas.

338. UN OASIS EN LA ESTEPA ZAMORANA
Villafáfila (Zamora)

La Reserva Natural de las Lagunas de Villafáfila puede presumir, con orgullo, de poseer uno de los listados ornitológicos más extensos y envidiables del interior peninsular. Las tres lagunas principales —Grande, Barillos y de las Salinas— rebosan en invierno de aves, con cientos y cientos de anátidas, fochas, limícolas (los chorlitos dorados europeos y las avefrías se cuentan por miles) y **grullas** [248]. A escasos metros de estos humedales, los cultivos cerealistas de los alrededores, entre los que despuntan numerosos palomares tradicionales, también merecen la atención, al acoger la población más importante de **avutardas** [28] del continente europeo (con unos 2.300 ejemplares censados), albergando a su vez **búhos campestres** [335], aguiluchos pálidos, gangas ortegas y diversos aláudidos.

339. ENRAIZADAS ENTRE RECIENTES COLADAS DE LAVA

Cardonal-tabaibal (Islas Canarias)

El archipiélago canario atesora una infinidad de formaciones vegetales de gran valor, ecosistemas únicos, adaptados a la perfección a la climatología, la altitud y los diferentes sustratos, como es el caso de la **laurisilva** o **monteverde** [266], de los extensos **pinares canarios** [316] y del cardonal-tabaibal, una de las joyas naturales más singulares de la Macaronesia.

Los tabaibales y cardonales se esparcen, sobre todo, por las partes bajas de las islas, en donde las temperaturas son más elevadas, las precipitaciones escasean a lo largo del año y la insolación es más alta. Esta amalgama de arbustos y plantas adaptadas a la perfección a la aridez del clima alcanza su crecimiento óptimo en los suelos rocosos menos desarrollados, incluyendo algunas zonas de coladas de lava relativamente recientes. Además de las diferentes especies predominantes, incluidas en el género *Euphorbia*, como los cardones, con un curioso aspecto de gigantescos candelabros, y las tabaibas, de forma arborescente, otras plantas también son capaces de enraizarse en estos ambientes desérticos, como el cornical, el verode, el balo, el tasaigo, la leña buena y el **cardoncillo gris** [278], así como un amplio listado de especies de líquenes, colonizadores pioneros de estos abruptos terrenos de rocas volcánicas.

En Tenerife, por ejemplo, se pueden contemplar magníficos cardonales-tabaibales en el Malpaís de Güímar y en el Malpaís de La Rasca (ambos, declarados Reservas Naturales Especiales). Para visitar el Malpaís de La Rasca (en la imagen), hay que dirigirse al norte de la localidad costera del Puertito de Güímar, donde existe un pequeño aparcamiento, desde el cual parten diversos senderos empedrados y dotados con paneles interpretativos, idóneos para descubrir cómodamente este espacio protegido.

340. UNAS PLANTAS QUE SE ORIGINARON HACE MÁS DE 300 MILLONES DE AÑOS

Selaginella denticulata

Hubo un tiempo, en el Carbonífero, hace más de 300 millones de años, en el que los licófitos eran las plantas más abundantes sobre la superficie terrestre, junto con los helechos. Bien distinta es su situación en la actualidad, especialmente en nuestra geografía, donde los licófitos resultan muy poco frecuentes. *Selaginella denticulata* se extiende por áreas aisladas de la Península y por los archipiélagos balear y canario.

341. EN BÚSQUEDA DE LAS ÚLTIMAS ACEBEDAS

Acebedas

Son pocas, muy pocas, las acebedas que aún perduran en tierras ibéricas. Los mejores ejemplos de estos bosques de **acebos** [225], de cientos de años de antigüedad, se encuentran en algunas laderas de los sistemas montañosos del noroeste y el centro peninsular, como se puede comprobar en Teixedo, en San Mamede; en el Monte de Vara (en la imagen), en **Os Ancares** [3] lucenses; y en Garagüeta, una Reserva Natural soriana que alberga el acebal más extenso.

342. UN DESCONOCIDO Y ESCASO PTERIDÓFITO

Stegnogramma pozoi

Entre el listado de más de un centenar de pteridófitos que se dan cita en el suelo ibérico, *Stegnogramma pozoi* es uno de los más singulares y escasos. Este taxón paleotropical, que en Eurasia únicamente se ha registrado en contadas localidades, casi todas ellas situadas en zonas cercanas a la costa, aparece en el norte de la Península, desde A Coruña hasta Gipuzkoa. Una necesaria mayor atención a nuestros helechos quizás amplíe el conocimiento de esta joya vegetal.

343. ADMIRANDO UNO DE LOS PAISAJES TINERFEÑOS MÁS ANTIGUOS E INALTERADOS

Macizo de Teno (Tenerife)

No aptos para personas con vértigo, los abruptos escarpes del macizo de Teno conforman, en conjunto, uno de los paisajes tinerfeños más antiguos e inalterados: el origen de esta primitiva *paleoisla* se remonta a hace unos seis millones de años, a una etapa geológica anterior a la de la formación de la zona central de Tenerife, en donde ahora se yergue el **Teide** [250]. En consecuencia, abundan los endemismos vegetales, albergando un rosario de plantas que únicamente se puede admirar en estas laderas del noroeste de Tenerife (como es el caso de la siempreviva de Teno, la lechuguilla de Teno o el corazoncillo de Masca). El barranco de Masca, precisamente, es uno de los parajes de visita imprescindible dentro del Parque Rural de Teno.

344. UNA DELICADA ORQUÍDEA, ENDÉMICA DE CANARIAS >

Orquídea de tres dedos *(Habenaria tridactylites)*

Conocida con el curioso nombre de orquídea de tres dedos, por la característica forma trilobulada de su labelo (un pétalo modificado que exhiben las orquídeas), esta especie endémica del archipiélago canario resulta relativamente frecuente en las cinco islas más occidentales, floreciendo en el sotobosque de la **laurisilva** [266], el fayal-brezal y otros ecosistemas, entre los meses de noviembre y febrero, habitualmente. Es una de las orquídeas más singulares de nuestra geografía, ya que es la única representante en Europa del género *Habenaria*, distribuido sobre todo por las regiones tropicales de África y Asia. La península de Anaga, en el noreste de Tenerife, es uno de los enclaves idóneos para ir en su búsqueda.

345. ENTRE BUFONES, HUELLAS DE DINOSAURIOS Y ESCARPADOS ACANTILADOS

Litoral oriental de Asturias

Al este de Gijón se extiende uno de los tramos litorales más extraordinarios de nuestra geografía. El Museo del Jurásico de Asturias (MUJA), de visita imprescindible, es el mejor punto de partida para explorar esta franja costera, en la que son protagonistas diversos yacimientos paleontológicos, en los cuales se han localizado incontables restos óseos de dinosaurios. Abundan, además, las icnitas y huellas de estos grandes reptiles prehistóricos, señalizadas mediante varios paneles interpretativos, en los concejos de Villaviciosa, Colunga y Ribadesella. Los días de temporal y fuerte oleaje, siempre extremando las precauciones, no hay que dejar pasar la oportunidad de acercarse a los bufones de Prías, Arenillas y Santiuste, en Llanes.

346. DE VISITA AL MÁS POPULAR DE LOS HAYEDOS NAVARROS, TAMBIÉN EN INVIERNO

Selva de Irati (Navarra)

El afamado bosque de Irati, faltaría más, bien merece una visita en los meses más fríos. A diferencia de los ajetreados fines de semana de otoño, estas fechas son idóneas para disfrutar, casi en soledad, del mágico sosiego que brindan los hayedos en invierno, paseando sin prisas entre los plateados troncos de las hayas. Desde la presa de Irabia, accediendo desde Orbaizeta, parte una cómoda pista que bordea el embalse, permitiendo observar las últimas flores del invierno, como la **hepática** [285], y diversas especies de aves, destacando al pico dorsiblanco y al picamaderos negro, dos singulares pájaros carpinteros; marzo, antes de que la primavera devuelva a las copas su verde vestimenta, es el mes más indicado para intentar localizar a estos esquivos pícidos.

347. UNA INCONFUNDIBLE RAPAZ, DE HIPNÓTICA MIRADA
Elanio común (*Elanus caeruleus*)

Caracterizado por su níveo plumaje, el cual acentúa la intensa coloración roja de sus ojos, el elanio común es una de nuestras rapaces más espectaculares. Se distribuye, fundamentalmente, por el cuadrante suroccidental de la Península, donde se reparte de manera dispersa por las dehesas abiertas y los paisajes agrarios en los que se intercalan parcelas cerealistas, con árboles aislados y otro tipo de cultivos.

Curiosamente, y a pesar de que hoy cuenta con una población notable (conformada, como mínimo, por varios centenares de parejas), hubo que esperar hasta fechas relativamente recientes para obtener los primeros indicios de reproducción del elanio común en nuestro país. En concreto, no fue hasta mediados de la década de los setenta del siglo pasado cuando comenzaron a observarse pequeños grupos familiares, en distintas localidades del oeste peninsular, localizándose asimismo en esos años sus primeros nidos, hallados en Cáceres y Salamanca.

Extremadura, junto con el oeste de Castilla y León, de Castilla-La Mancha y de Andalucía, brindan las mejores oportunidades para disfrutar de esta elegante rapaz de mediano tamaño e hipnótica mirada, muy gregaria durante los meses de invierno, época del año en la que puede formar dormideros comunales de más de un centenar de individuos. En la provincia de Cáceres, por ejemplo, se detecta de manera habitual en el entorno del embalse de Arrocampo, cerca de la localidad de Saucedilla. En Badajoz, por su parte, se puede observar en los Llanos de La Albuera, en los alrededores del embalse de los Canchales o en las dehesas de Moheda Alta. Y es frecuente en diversas partes de Andalucía, como en el estuario del Guadalquivir (en la zona de la Dehesa de Abajo y Entremuros).

348. EL TESORO ARBÓREO DEL SUR DE LA PENÍNSULA

Pinsapo *(Abies pinsapo)*

Indudablemente, el pinsapo es uno de los árboles de la geografía ibérica más especiales. Esta especie de abeto, confinada a contadas sierras del sur peninsular y del Rif marroquí, conforma unos bosques de especial valor biogeográfico. En España solo en tres serranías andaluzas, en concreto, es posible hallar pinsapares: en la sierra del Pinar, en Grazalema; en sierra Bermeja; y, especialmente, en la **sierra de las Nieves** [333], ilustre Parque Nacional malagueño.

349. UN INQUIETO PASERIFORME FORESTAL

Herrerillo capuchino *(Lophophanes cristatus)*

Este paseriforme forestal, muy ligado a los pinares —aunque aparece también en robledales, alcornocales y encinares—, es una de nuestras aves más atractivas y más fáciles de reconocer. Ocupa las zonas arboladas de la Península, estando ausente en ambos archipiélagos. Con la ayuda de su insistente reclamo, no es difícil de detectar alimentándose de piñones y pequeños insectos, saltando y moviéndose inquietamente por las ramas de los pinos.

350. EL ÁRBOL QUE PROSPERA A MAYOR ALTITUD EN LA PENÍNSULA

Pino negro *(Pinus uncinata)*

Hasta 2.700 m de altitud: esa es la cota que llegan a alcanzar los pinos negros, todo un récord entre los árboles de la Península (con permiso de algunos sauces arbustivos). No hará falta subir tanto, sin embargo, para toparse con magníficos bosques de esta resistente conífera, exclusiva de la geografía ibérica y de los Alpes; resulta muy abundante en el Pirineo leridano, llegando hasta el **macizo de Larra** [331], por el oeste, y la sierra de Gúdar, en Teruel, por el sur.

351. 700 ESCALONES HACIA EL INTERIOR DE LAS SUBBÉTICAS
Cueva de los Murciélagos (Córdoba)

Al sureste de la pintoresca localidad de Zuheros, uno de los pueblos con mayor encanto de la provincia cordobesa, se ubica la Cueva de los Murciélagos, una sorprendente cavidad declarada Monumento Natural, escondida en una ladera orientada al norte, a casi mil metros de altitud.

Esta cueva constituye uno de los parajes más singulares del Parque Natural Sierras Subbéticas, declarado a su vez Geoparque Mundial por la UNESCO. Con más de 3.300 metros escudriñados, por parte de diferentes equipos de espeleólogos y geólogos, las galerías subterráneas de la Cueva de los Murciélagos se consideran las más extensas de la provincia de Córdoba. Dada la fragilidad de este espacio protegido, para admirar la infinidad de estalactitas y estalagmitas de esta cavidad es necesario adquirir una entrada, reservando con antelación en la página web del Ayuntamiento de Zuheros. La visita se realiza en pequeños grupos, a través de un recorrido guiado por un estrecho sendero equipado con 700 escalones, que descienden hacia el interior de las Subbéticas.

Por Zuheros discurre la Vía Verde del Aceite, un antiguo trazado ferroviario que permite descubrir la zona y otras localidades en bicicleta (se pueden alquilar allí, incluyendo bicis eléctricas). Es posible realizar, a su vez, una completa ruta de senderismo entre Zuheros y Cabra, el «Sendero del río Bailón» (solicitando autorización previa, en la Consejería de Medio Ambiente). Y el Geoparque cuenta con un amplio abanico de «Geositios» visitables, en el que además de la Cueva de los Murciélagos destacan el Poljé de la Nava de Cabra, una curiosa llanura en el corazón del macizo kárstico, y el Lapiaz de Los Lanchares, una formación pétrea modelada por las precipitaciones.

352. UN VERGEL ORNITOLÓGICO, EMPLAZADO SOBRE UNA ANTIGUA ALBUFERA

El Hondo (Alicante)

En el interior de la comarca del Bajo Vinalopó, repartido entre los municipios de Elche y Crevillent, se sitúa uno de los humedales más valiosos de la Comunidad Valenciana, declarado Parque Natural hace ya más de tres décadas. El Fondo o El Hondo se emplaza, en concreto, sobre una extensa llanura, por la cual se extendía la antigua albufera de Elche, desaparecida en el siglo XVIII. Además de dos grandes embalses de riego —el de Ponent y el de Llevant—, en este espacio protegido alicantino se alternan canales, lagunas, charcas perimetrales y zonas de saladar y cultivo.

El Hondo es uno de los principales destinos ornitológicos de la región. En ningún otro espacio natural de Alicante, de hecho, se han detectado tantas especies de aves como aquí. Entre las anátidas, es factible observar tarros blancos, patos colorados, cercetas pardillas y **malvasías cabeciblancas** [38]. No es difícil localizar, a su vez, calamón, focha moruna y **zampullín cuellinegro** [88], así como **flamencos comunes** [314], moritos y diferentes especies de garzas. Son también numerosas las limícolas, como las cigüeñuelas, las avocetas, los andarríos y las agachadizas. El carricerín real y el **ruiseñor pechiazul** [26] son dos de los paseriformes más buscados. Y por lo que respecta a las rapaces, además de águila pescadora, en invierno es posible avistar algún ejemplar de águila moteada (una especie rarísima en nuestra geografía, presente solo durante los meses más fríos del año).

Desde el Centro de Interpretación parten diferentes itinerarios: la ruta amarilla (adaptada para personas con movilidad reducida), la ruta verde (circular, de 4,5 km) y la ruta azul (para bicicletas). Y por la puerta norte se puede iniciar otro recorrido, la ruta roja (se necesita reserva previa).

353. PAISAJES INSÓLITOS, QUE NOS TRASLADAN A OTROS CONTINENTES

Rambla de Barrachina (Teruel)

Unos kilómetros al sur de la confluencia de los ríos Guadalaviar y Alfambra, en la capital turolense, la geología y la implacable acción erosiva de los elementos han dado lugar a uno de los paisajes más excepcionales de nuestro país. Sorprende, por ello, que el entorno de la rambla de Barrachina y el paraje de Las Muelas apenas resulten conocidos lejos de Teruel.

El viento y las precipitaciones, a lo largo de millones de años, han ido esculpiendo estas descomunales cárcavas de limolitas rojas, areniscas y conglomerados, conformando un abrumador escenario que en nada tiene que envidiar a los de las películas del lejano oeste, trasladándonos inevitablemente a otros continentes. Entre las sobrias sabinas que salpican estos escarpes anaranjados es posible ver corzos y, con suerte, alguna **cabra montesa** [222]. Y abundan diversas especies de aves, como la chova piquirroja, el escribano montesino, el alcaudón real, la **cogujada montesina** [290] y la curruca rabilarga, siendo asimismo frecuente divisar grandes rapaces, como el buitre leonado y el águila real.

Se puede combinar la visita a este fotogénico paisaje con un recorrido, sin prisas, por la cercana y extensa comarca de Gúdar-Javalambre, con densos bosques y altas cumbres que sobrepasan los dos mil metros de altitud. En las proximidades se emplaza también la sierra de Albarracín, con un sinfín de parajes de los que enamorarse. Las parameras y sierra de Alfambra, al norte de la capital, son otros lugares de enorme valor natural a anotar en la agenda. Y a escasa distancia se sitúa, igualmente, el **Alto Turia** [253], un destino idóneo para los meses de otoño, buena parte del cual está incluida en una Reserva de la Biosfera.

354. DESPIDIENDO, HASTA EL PRÓXIMO OTOÑO, A LAS GRULLAS
Laguna de Gallocanta (Zaragoza/Teruel)

Durante la segunda mitad del mes de febrero una única laguna aragonesa llega a congregar, atención al dato, alrededor de la tercera parte de la población europea de grullas. Decenas y decenas de miles de individuos recalan, para reponer fuerzas, en este humedal, desafiando las gélidas temperaturas que asolan los altos páramos situados entre Teruel y Zaragoza en pleno invierno. Si las condiciones meteorológicas son adversas, en días históricos se han llegado a contar… ¡más de cien mil grullas! No hay palabras ni imágenes que sirvan para describir la emoción que produce contemplar su ruidosa salida o llegada a este dormidero, antes de que emprendan su largo viaje de vuelta a sus zonas de cría en el centro y norte de Europa.

355. UN AMENAZADO HUMEDAL, MUY PRÓXIMO A LA CAPITAL CATALANA
Delta del Llobregat (Barcelona)

Al suroeste de la desembocadura del río Llobregat, a escasa distancia del centro de Barcelona, un rosario de humedales conforma, en conjunto, uno de los espacios naturales más valiosos del litoral catalán, donde se han llegado a registrar más de 350 especies de aves y más de un millar de taxones de flora, además de una veintena de anfibios y reptiles, y decenas de mariposas y libélulas. Entre otros parajes, resultan de visita imprescindible la Maresma de les Filipines, el Estany del Remolar, el Estany de Cal Tet, la Bunyola y la zona de La Ricarda. Este último enclave, en concreto, se ha visto preocupantemente amenazado en tiempos recientes por un proyecto de ampliación del aeropuerto de El Prat.

356. UNA LLAMATIVA ORQUÍDEA, ¿CADA VEZ MÁS FRECUENTE?

Orquídea gigante *(Himantoglossum robertianum)*

La orquídea gigante, cuya llamativa inflorescencia llega a sobrepasar excepcionalmente los 80 cm de altura, es una de las plantas más vistosas de cuantas florecen en las postrimerías del invierno. Presenta una distribución salteada, siendo abundante en áreas de clima suave, como sucede en amplias zonas de Andalucía, Cataluña, Asturias, Cantabria y Baleares, entre otras provincias. En el centro peninsular, curiosamente, parece estar en expansión durante los últimos años, sobre todo en Madrid y en Toledo; en la región madrileña, por ejemplo, esta especie no se había localizado antes del presente siglo, estando hoy en día bien distribuida por buena parte de la comunidad. Crece, sobre todo, en encinares aclarados y zonas de matorrales.

357. HACIA UNA PRIMAVERA SILENCIOSA

Escribano triguero *(Emberiza calandra)*

Antaño más abundante, esta ave ligada a los medios agrarios prácticamente ha desaparecido de toda Europa. Y de ello habló Martin Kelsey, guía ornitológico afincado en Extremadura, hace unas pocas ediciones de FIO (la Feria Internacional de Ornitología), aludiendo a las emociones que despiertan el canto de los trigueros y de las cogujadas entre los observadores de aves europeos, trasladándoles en el tiempo, por unos instantes, a su infancia. Si bien, afortunadamente, los trigueros resultan todavía frecuentes en casi toda nuestra geografía, el drástico declive de esta especie en el continente nos advierte del alarmante camino que llevamos hacia una «primavera silenciosa», como vaticinaba Rachel Carson hace ya más de seis décadas.

INVIERNO

358. ADAPTADA A LOS CLIMAS MÁS SECOS

Aulaga (*Launaea arborescens*)

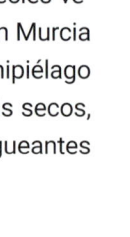

Los paisajes del árido sureste ibérico, al igual que los de las islas Canarias más orientales, no solo se asemejan mucho a algunos enclaves norteafricanos, sino que además comparten un amplio elenco de especies vegetales. Una de ellas es la aulaga, frecuente en Murcia y Almería, así como en la mayor parte del archipiélago canario, una planta adaptada a los climas más secos, fácil de reconocer por sus austeros y zigzagueantes tallos y sus flores amarillas.

359. LA ÚNICA PALMERA AUTÓCTONA DEL CONTINENTE EUROPEO

Palmito (*Chamaerops humilis*)

Quizás mucha gente desconozca que en la Península y en Baleares prospera una palmera autóctona, el palmito o palma enana, una especie exclusiva de los países del Mediterráneo occidental. Resulta fácil de observar en muchas zonas costeras, desde el **Cap de Creus** [203] al entorno de **Doñana** [34], pasando por todo el litoral levantino y andaluz. En Mallorca abunda en la mitad norte, en laderas y barrancos cercanos al mar.

360. UNA JOYA BOTÁNICA DEL SURESTE PENINSULAR

Cornical (*Periploca angustifolia*)

Las comarcas litorales del sur de Alicante, Murcia y Almería, allí donde menos llueve a lo largo del año en toda la Península, albergan un notable número de plantas realmente singulares, como el cornical o periploca. Esta asclepiadácea (una familia botánica propia de zonas tropicales y subtropicales) resulta frecuente en la costa del sureste ibérico, exhibiendo sus curiosas flores y sus inconfundibles frutos —con forma de cuernos— desde el otoño a la primavera.

361. UNA FLOR ÚNICA, CONVERTIDA EN UNO DE LOS SÍMBOLOS BOTÁNICOS DEL ARCHIPIÉLAGO CANARIO

Bicácaro *(Canarina canariensis)*

Exclusiva de las islas centrales y occidentales del archipiélago canario, entre finales del otoño y comienzos de la primavera, el bicácaro o bicacarera desarrolla y exhibe una de las flores más asombrosas de nuestra geografía. Su exótica coloración y su arrebatadora apariencia la han convertido, por motivos evidentes, en uno de los emblemas naturalísticos de Canarias.

Bien conocida desde muy antiguo, tanto por su belleza como por el buen sabor de sus frutos comestibles, los nombres vernáculos o populares con los que se conoce hoy a esta planta proceden de los guanches, como reflejan diferentes estudios etimológicos. Asimismo, el ilustre José de Viera y Clavijo (1731-1813) recogió en su *Diccionario de historia natural de las Islas Canarias* que el bicácaro «fue el fruto silvestre más delicioso, que tuvieron y apreciaron en mucho los habitantes primeros de nuestras islas».

Esta inconfundible campanulácea, polinizada por diversas especies de aves e insectos, resulta frecuente en diversos enclaves de las cinco islas más occidentales, hasta el punto de dar nombre a algunos topónimos, como ocurre con el *Roque del Bicacaral*, en el centro de Gran Canaria, en Vega de San Mateo. En Tenerife, isla en la que se sitúa su origen evolutivo, abunda en la península de Anaga —en El Pijaral o en la carretera que desciende a Chinamada, por ejemplo—, en el macizo de Teno y en el Barranco del Infierno. En Gran Canaria es fácil de localizar en Los Tilos de Moya, por mencionar un enclave. En La Gomera crece en el cuadrante noreste, al igual que ocurre en La Palma —en **Los Tilos** [280], entre otros parajes—, mientras que en El Hierro resulta algo más escasa.

362. DESAFIANDO LOS RIGORES DEL INVIERNO
Sapillo moteado septentrional *(Pelodytes punctatus)*

En pleno invierno, a lo largo del mes de febrero o incluso antes, los sapillos moteados inician su periodo reproductor, desafiando los rigores del invierno y las bajas temperaturas nocturnas. Tras una pausa invernal, este anuro comienza su actividad mucho antes que otras especies de anfibios. Por ello, su característico canto es uno de los primeros que se escucha, cada año, en las charcas y en otros medios acuáticos en los que está presente. Se reconoce fácilmente por sus modestas dimensiones (mide entre 3 y 4 cm) y por su aspecto grácil, adornado con abundantes manchas o motas verdosas en las partes superiores.

El sapillo moteado septentrional se reparte por amplias regiones del suroeste de Europa, ocupando buena parte de la península ibérica, Francia y el noroeste de Italia. En nuestro país, en concreto, está bien extendido por Cataluña, el litoral levantino y el valle del Ebro, apareciendo también en ambas Mesetas y en otros enclaves del interior. Evita las zonas montañosas y muestra una cierta preferencia por terrenos calizos y de yesos. En el sur de la Península se localiza otra especie muy similar, el sapillo moteado ibérico, un endemismo de la geografía peninsular, distribuido por el centro y el oeste de Andalucía, por la provincia de Badajoz y parte de Portugal.

Como curiosidad, es una de las primeras especies de anfibios en colonizar medios nuevos, como ocurre por ejemplo en antiguas canteras renaturalizadas. Es capaz de reproducirse en diferentes ecosistemas acuáticos, aprovechando para ello incluso charcas estacionales, así como cunetas y campos de cultivo inundados. A diferencia de otros anuros, tolera un elevado índice de salinidad, lo que le permite establecerse en marismas y marjales costeros.

363. UNA DE NUESTRAS ÚLTIMAS PLAYAS CASI VÍRGENES

Playa del Risco (Lanzarote)

Debido al exigente recorrido que hay que realizar para llegar hasta este solitario arenal, son pocas las personas que visitan la playa del Risco, y menos fuera del periodo veraniego. El acceso se lleva a cabo a través del camino de los Gracioseros, un estrecho sendero pedregoso que desciende bruscamente desde los acantilados del noroeste de Lanzarote hacia esta paradisiaca playa, con unas vistas únicas sobre **La Graciosa** [206].

364. MÁS QUE UNA CATEDRAL VIVIENTE

Sabinar de Calatañazor (Soria)

Al sabinar de Calatañazor, considerado mucho más que una catedral viviente, no se puede entrar con prisas. Y no por la extensión de este singular bosque protegido, sino para admirar, con el debido sosiego y fascinación, a sus protagonistas: las viejas sabinas, varias veces centenarias, que medran desde hace siglos en este paraje soriano. Muy cerca se ubica «La Fuentona de Muriel», Monumento Natural de visita asimismo ineludible.

365. CONTEMPLANDO LA INMENSIDAD Y BRAVURA DEL ATLÁNTICO

Cabo Touriñán (A Coruña)

En el corazón de la Costa da Morte, el cabo Touriñán se interna en las agitadas aguas del Atlántico, marcando el extremo oeste de la España peninsular. En días de fuerte temporal, frecuentes a lo largo del invierno, sobrecoge ver las olas romper a los pies de este escarpado saliente del litoral gallego. Alzando la vista, hacia occidente, la mirada se pierde en la inmensidad del Atlántico, allí donde el horizonte se diluye entre el cielo y el océano.

PARA SABER MÁS

**ASOCIACIONES Y ENTIDADES
DEL CONJUNTO DE ESPAÑA:**
Asociación Española de Entomología:
entomologica.es

AEE - Asociación de Ecoturismo en España:
soyecoturista.com

AEFONA - Asociación Española de Fotógrafos
de Naturaleza:
aefona.org

AHE - Asociación Herpetológica Española:
herpetologica.es

Asociación ZERYNTHIA - Estudio, divulgación
y conservación de las mariposas:
asociacion-zerynthia.org

SEBOT - Sociedad Botánica Española:
sebot.org

SEA - Sociedad Española de Astronomía:
sea-astronomia.es

SEBiCoP - Sociedad Española de Biología de la
Conservación de Plantas:
conservacionvegetal.org

SECEM - Sociedad Española para la Conservación y Estudio de los Mamíferos:
secem.es

SECEMU - Asociación Española para la Conservación y el Estudio de los Murciélagos:
secemu.org

SEO/BirdLife - Sociedad Española de Ornitología:
seo.org

SGE - Sociedad Geológica de España:
sociedadgeologica.org

WWF:
panda.org/es

RECURSOS Y PÁGINAS WEB DE INTERÉS:

Anthos. Sistema de información sobre las
plantas de España:
anthos.es
Banco de Datos de Fauna Ibérica:
iberfauna.mncn.csic.es
Flora Iberica:
floraiberica.es
Organismo Autónomo de Parques Nacionales:
miteco.gob.es/es/parques-nacionales-oapn.html
Red Natura 2000 y otros espacios protegidos:
miteco.gob.es/es/biodiversidad/temas/
espacios-protegidos.html
Vertebrados Ibéricos:
vertebradosibericos.org

PLATAFORMAS DE CIENCIA CIUDADANA:

eBird:
ebird.org

iNaturalist:
inaturalist.org

Observation:
observation.org

SITIOS WEB DE INTERÉS DE CADA COMUNIDAD AUTÓNOMA:

Andalucía
Espacios naturales y rutas de naturaleza:
andalucia.org/es/espacios-naturales

Aragón
Espacios protegidos:
aragon.es/-/red-de-espacios-naturales-protegidos

Birding Aragon:
birdingaragon.com

Asturias (Principado de Asturias)
Espacios naturales protegidos:
naturalezadeasturias.es

Canarias
Banco de Inventario Natural de Canarias:
biodiversidadcanarias.es

Cantabria
Naturea Cantabria:
redcantabrarural.com/rcdr-3/proyectos/naturea

Castilla y León
Red de Áreas Naturales Protegidas:
medioambiente.jcyl.es/web/es/medio-natural/
espacios-naturales.html

Castilla-La Mancha
Turismo de Castilla-La Mancha:
turismocastillalamancha.es/naturaleza

Catalunya / Cataluña
Medio Ambiente y Sostenibilidad:
mediambient.gencat.cat/es/05_ambits_
dactuacio/index.html

Comunitat Valenciana / Comunidad Valenciana
Espacios Naturales Protegidos:
mediambient.gva.es/es/web/espacios-
naturales-protegidos

Extremadura
Espacios protegidos y planes para disfrutar de
la naturaleza:
turismoextremadura.com/es/
ven-a-extremadura/naturaleza

Club Birding in Extremadura:
birdinginextremadura.com/es/index.html

Euskadi / País Vasco
Ecoturismo, turismo de naturaleza y senderismo:
turismo.euskadi.eus/conecta-con-la-naturaleza

Galicia
Turismo en espacios naturales:
turismo.gal/que-visitar/espazos-naturais

Illes Balears / Islas Baleares
Espacios Naturales Protegidos:
caib.es/sites/espaisnaturalsprotegits/es/mapa/

Bioatles:
bioatles.caib.es

La Rioja
Turismo de naturaleza y espacios protegidos:
lariojaturismo.com/naturaleza-y-paisajes

Madrid (Comunidad de Madrid)
Espacios naturales y especies protegidas:
comunidad.madrid/servicios/urbanismo-medio-
ambiente/espacios-naturales-especies-protegidas

Murcia (Región de Murcia)
Turismo de naturaleza y en espacios naturales:
turismoregiondemurcia.es/es/espacios_naturales

Navarra (Comunidad Foral de Navarra)
Turismo de naturaleza.
Paisajes y espacios protegidos:
visitnavarra.es/es/te-gusta/turismo-naturaleza

AGRADECIMIENTOS

Sin duda, son muchas las personas a las que me gustaría agradecer el haber formado parte, de un modo u otro, en la elaboración del presente libro, resultado de numerosos periplos, viajes y salidas de campo por la geografía española, así como de largas y entusiastas conversaciones con nuestra naturaleza como protagonista.

Mil gracias, en primer lugar, a Mercedes San Ildefonso y a Kike de la Peña, por todo su trabajo, implicación y cercanía, que han dado como resultado este libro, con el que soñaba desde hace años. Y gracias, por supuesto, al resto del equipo de ANAYA TOURING, por haber apostado y por haber depositado su confianza en este proyecto.

Mi más sincero agradecimiento a Eduardo Viñuales, artífice en buena medida, a su vez, de que este libro comenzase a tomar forma.

A lo largo de estos últimos años ha sido un placer compartir con mucha gente salidas y jornadas de campo de todo tipo, disfrutando de momentos memorables e intercambiando información con muchas personas apasionadas por el medio natural. Aun a riesgo de dejarme en el tintero más de un nombre, querría aprovechar la oportunidad para dar las gracias a Alberto Remacha, Alfonso Chaparro, Alfonso Polvorinos, Alfredo Ortega, Álvaro Díaz, Ángeles Bandrés, Antón Pérez, Antonio Sandoval, Arantza Marcotegui, Belén Jorquera, Bernardo Lara, Carlos de Hita, Carlos López, Carlos Lozano, Carlos Neto, Carlos Palacín, Carlos Ponce, Carlos Rossi, Carlos Talabante, Carmelo García, Conrado Requena, Cristina Crespo, Darío Meliá, David Martín, David Pajares, Diego Llorente, Eduardo de Juana, Eduardo Ramírez, Eladio García de la Morena, Elena Baonza, Enrique Luengo, Ester Contreras, Eva Hernández, Fernando Molina, Fernando Ureña, Francisco Cabrera, Gabriel Llorens, Gabriel Lorenzo, Gonzalo Núñez-Lagos, Hugo Sánchez, Irene Madrid, Isaac Villaverde, Javier Freijanes, Javier Grijalbo, Javier Marquerie, Javier Ramil, Joaquín López, John Muddeman, Jorge Yubero, Jorge Sierra, José Antonio Gómez, José Antonio Montero, José David Muñoz, José Gómez, José Luis Arroyo, José Luis Bautista, José Luis Copete, Juan Carlos Hidalgo, Juan Miguel Tirado, Juanjo Ramos, Jus Pérez, Laura Gutiérrez, Letizia Herrera, Lourdes Berzas, Luis Fernández, Luis Frechilla, Luis Javier Bernárdez, Manuel Santa-Cruz, Marcelino Blanes, María Julián, María Mondéjar, Mario Fernández, Mario Mairal, Nacho Domingo, Natalia Rojas, Octavio Jiménez, Omar Alonso, Óscar Llama, Óscar Montouto, Pablo Castro, Pablo de la Nava, Pedro Ruiz, Pilar González, Rodrigo Megía, Sagrario Alonso, Sandra Prol, Sara Álvarez, Sara Díaz, Senda Reguera, Sergio Martín, Sonia Molino, Unai Fuente, Vanessa Palacios, Verónica López y Xurxo Piñeiro.

Y, con todo mi cariño, querría agradecer a Carmen, mi mujer, y a mis hijos Nacho y Julieta, su apoyo continuo y la paciencia con este nuevo libro, que me ha llevado a ausentarme de casa más de lo esperado a lo largo de estos últimos meses. A mis padres, con especial afecto, Carmen y Fernando (muchas gracias por tus comentarios y sugerencias), y a mis hermanos, Elena, Carlos y Jaime, por todo su interés e implicación. Y a Blanca y Luis, también por su constante soporte.

¡Muchas gracias a todos!